"十二五"职业教育国家规划教材

经全国职业教育教材审定委员会审定

网络设备

安装与调试

（锐捷版）
（第2版）

U0225931

佘运祥　陆　沁　汪双顶　徐　果◎主编

电子工业出版社

Publishing House of Electronics Industry

北京·BEIJING

内 容 简 介

本书在内容上遵循"宽、新、浅、用"的原则，结合校园网组建和维护的工程项目，深入浅出地介绍了校园网构建过程中所涉及的交换机、路由器、防火墙、无线 AP 和无线交换机等设备的配置知识，以及在使用这些设备组网过程中需要掌握的组网技术。本书主要涉及交换机的工作原理、VLAN、STP/RSTP、路由器的工作原理、路由基础、RIP、OSPF、PPP、ACL 和交换机端口安全、NAT、WLAN 等内容。

本书在体例上是以校园网搭建项目为背景，基于任务驱动，按照"工学一体化"模式开发而成的教材。书中所涉及的综合实训案例，均配有操作视频、实验源文件和测评文件等立体化教学资源，全过程、全方位辅导读者，帮助读者轻松学习和掌握知识点。

本书既可作为职业院校计算机网络专业相关课程教材，也可作为从事计算机网络工作技术人员的参考用书。

图书在版编目（CIP）数据

网络设备安装与调试：锐捷版 / 余运祥等主编. —2 版. —北京：电子工业出版社，2024.3

ISBN 978-7-121-47506-1

Ⅰ. ①网… Ⅱ. ①余… Ⅲ. ①计算机网络—通信设备—设备安装 ②计算机网络—通信设备—调试方法 Ⅳ. ①TN915.05

中国国家版本馆 CIP 数据核字（2024）第 057422 号

责任编辑：关雅莉　　　特约编辑：徐　震
印　　刷：三河市双峰印刷装订有限公司
装　　订：三河市双峰印刷装订有限公司
出版发行：电子工业出版社
　　　　　北京市海淀区万寿路 173 信箱　邮编　100036
开　　本：880×1 230　1/16　印张：15.75　字数：362.88 千字
版　　次：2018 年 9 月第 1 版
　　　　　2024 年 3 月第 2 版
印　　次：2024 年 8 月第 2 次印刷
定　　价：45.00 元

凡所购买电子工业出版社图书有缺损问题，请向购买书店调换。若书店售缺，请与本社发行部联系，联系及邮购电话：（010）88254888，88258888。

质量投诉请发邮件至 zlts@phei.com.cn，盗版侵权举报请发邮件至 dbqq@phei.com.cn。

本书咨询联系方式：（010）88254247，liyingjie@phei.com.cn。

前 言 ▼ PREFACE

为建立健全教育质量保障体系，提高职业教育质量，教育部于 2022 年发布了最新版《中等职业学校专业教学标准（试行）》（以下简称专业教学标准）。专业教学标准是指导和管理中等职业学校教学工作的主要依据，是保证教育教学质量和人才培养规格的纲领性教学文件。该专业教学标准强调："专业教学标准是开展专业教学的基本文件，是明确培养目标和规格、组织实施教学、规范教学管理、加强专业建设、开发教材和学习资源的基本依据，是评估教育教学质量的主要标尺，同时也是社会用人单位选用中等职业学校毕业生的重要参考。"

本书特色

党的二十大报告指出，"加快建设国家战略人才力量，努力培养造就更多大师、战略科学家、一流科技领军人才和创新团队、青年科技人才、卓越工程师、大国工匠、高技能人才。"为了将"产学结合、校企合作"的模式真正引入职业院校的专业教学改革工作之中，本教材开发小组联合行业知名专家与相关院校一线教师，开发了这本"工学一体化"的《网络设备安装与维护（初级）》教材。本书从任务驱动的角度，深入介绍了交换机、路由器、防火墙、无线局域网组网设备的配置、管理和组网技术等内容，涵盖了从网络搭建、设备配置到安全防范、故障诊断等全部组网过程，是一本专门为中小型网络管理员量身定制的网络设备安装与维护教材，可以帮助学生迅速完成从网络新手向专业网络管理员的过渡。

本书在体例上是以校园网搭建项目为背景，基于任务驱动，按照"工学一体化"模式开发而成的教材。读者可以通过部分或全部的项目实施，完成网络设备安装与维护的专业技能训练。

课时分配

本书作为计算机网络及其相关专业的核心课程教材，根据教学计划可安排 72～108 学时。不同院校及不同专业，教学时间可稍有差别。

本课程在实施时，学时分配、教学重难点建议如下。

名称	学时（最少）	备注
项目 1　配置交换机设备，优化网络传输	8	重点
项目 2　配置路由器设备，实现网络连通	10	一般
项目 3　配置三层交换机，实现网络连通	10	重点
项目 4　配置高级路由技术	10	难点
项目 5　配置路由器接入广域网	8	一般
项目 6　配置网络安全技术	10	重点
项目 7　配置防火墙设备	8	一般
项目 8　配置无线局域网设备	8	一般
合计	72	

本书注重培养学生的实践能力。可根据实际课时调整课程内容。为实施课程内容，需要提供实践环境，主要涉及交换机、路由器、无线 AP、计算机和网线等实践工具，也可使用、锐捷模拟器或思科 Packet Tracer 完成实训。如果希望使用华为模拟器实现，可扫描实训后附加的二维码，下载相应配套实训文档，完成实训内容。

教学资源

为了提高学习效率和教学效果，本书配备了电子教案、教学指南、素材文件、微课及习题参考答案等教学资源，读者可登录华信教育资源网后免费下载，如有问题请在网站留言板留言或与电子工业出版社联系，也可联系作者（E-mail：410395381@qq.com）获取本书配套的模拟器和课件资源。

本书作者

本书由全国工业和信息化职业教育教学指导委员会计算机类专业教学指导委员会委员佘运祥组织编写并担任主编，全国职业院校技能大赛专家陆沁、汪双顶及职业院校专家徐果担任主编。主编都长期工作在教学一线，具有丰富的教学实践经验与网络组建和维护经验，并联合各自团队，完成了本书的编写。其中，汪双顶、徐果老师具有在院校和公司等不同环境的工作经历，两位老师将组网知识和岗位技能有机融合在一起，保证了本书所倡导的基于"工作过程"的课程思维模式的实现。

由于作者水平有限，书中难免存在疏漏之处，敬请读者提出宝贵意见和建议，以便再版时进行完善。

编　者

目 录 ▼ CONTENTS

项目1

配置交换机设备，优化网络传输

北京延庆某中心小学，是北京为服务新农村义务教育所建设的现代信息化校园。学校打算以教育信息化为突破口，推进教育信息化在新农村义务教育中的应用，建设以校园网络为核心、多媒体教室为基础，实施"班班通"的数字化校园网。

一期建设完成的该中心小学校园网如图 1-1-1 所示，该校园网主要由学生教学区的30 多间多媒体教室、教师办公区的 10 多间办公室两部分组成。该校园网采用三层架构部署，使用高性能的交换机连接网络，保障了网络的稳定性，实现了校园网数据的高速传输。

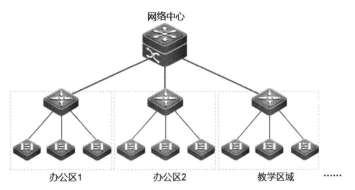

图 1-1-1　一期建设完成的该中心小学校园网

本项目任务

- 任务 1.1　认识并配置交换机
- 任务 1.2　利用虚拟局域网技术，隔离广播和冲突
- 任务 1.3　利用交换机生成树技术，增强网络健壮性
- 任务 1.4　利用交换机链路聚合技术，提升骨干链路带宽

任务 1.1　认识并配置交换机

1.1.1　认识交换机设备

1. 交换技术

交换技术是根据通信两端传输信息的需要，通过相关设备将传输的信息发送到符合要求的相应路由上的技术统称。

交换机（Switch）是一种在通信系统中完成信息交换功能的设备。

普通交换机也称二层交换机，或称局域网交换机，其能够替代集线器，优化网络传输效率。与网桥一样，交换机也可以连接局域网分段，其利用一张 MAC 地址表来分流帧，从而减少通信量，处理速度比网桥快得多。交换机依据 MAC 地址表转发数据，如图 1-1-2 所示。

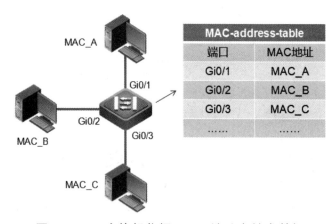

图 1-1-2　交换机依据 MAC 地址表转发数据

与网桥相似，二层交换机也属于数据链路层设备，其能把多个物理上的局域网分段互连成更大的网络。交换机基于 MAC 地址对通信帧进行转发，因为交换机通过硬件芯片进行通信帧转发，所以其交换速度要比网桥快得多。

2. 认识交换机设备

如图 1-1-3 所示为锐捷 RG-S2628G-I 交换机，该交换机具有 24 个百兆位端口、4 个千兆位端口、1 个扩展端口和 1 个 Console 端口（控制端口）。此外，该交换机还有一系列的 LED 指示灯。

图 1-1-3　锐捷 RG-S2628G-I 交换机

　　交换机前面板上的以太网端口命名由两部分组成：插槽编号和端口编号。例如，交换机默认前面板固化端口的插槽编号为 0，端口编号为 3，则该端口书写标识为 FastEthernet0/3 或 Gigabit Ethernet0/3，端口类型属于以太网端口，如图 1-1-4 所示。

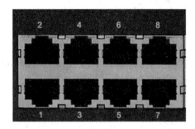

图 1-1-4　交换机的以太网端口

　　目前，随着"千兆到桌面"网络实施计划的提出，交换机也出现了各种光纤端口，通过光纤模块可以实现端口转换。如图 1-1-5 所示为 SFP 光电复用端口和光纤模块。SFP 光电复用端口的作用是将千兆位电信号端口转换为光信号端口，该端口默认为千兆位电信号端口，直接插入光纤模块即可转为光信号端口，即光纤端口。

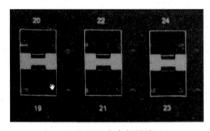
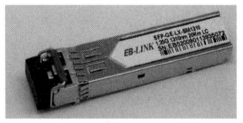

（a）SFP 光电复用端口　　　　　　　　　（b）光纤模块

图 1-1-5　SFP 光电复用端口和光纤模块

　　交换机的 Console 端口是一个特殊端口，是控制交换机设备的端口，能实现设备初始化和远程控制。连接 Console 端口需要用到专用的配置线缆，将计算机的 COM 端口（串行总线端口，简称串口）与 Console 端口通过配置线缆连接起来，利用终端仿真程序（如 Windows 系统的超级终端程序）进行本地配置。交换机的 Console 端口如图 1-1-6 所示。

　　交换机无须配置电源开关，电源接通即可启动。当交换机加电后，前面板 Power 指示灯点亮并呈绿色。前面板上的多排指示灯为端口连接状态灯，代表各端口的工作状态。

　　交换机是一种智能化设备，通过配置和管理交换机操作系统，可优化网络传输环境。

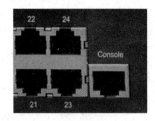

图 1-1-6　交换机的 Console 端口

备注： 端口是设备与外界的通信口，分为虚拟端口和物理端口。其中，物理端口又称为接口，按照人们日常生活化、口语化的表达习惯，本书不细分端口和接口的表达形式。

1.1.2　区分交换机访问方式

与集线器一样，交换机无须经过任何配置，加电后即可在局域网中使用，但这种使用方式浪费了可管理型交换机提供的智能网络管理功能，无法实现局域网内传输效率的优化，以及各种安全性能的提高，无法确保网络稳定性和可靠性等。因此，在使用交换机时需要对其进行配置管理。

对交换机的配置管理，通常有以下 4 种方式。

（1）通过带外方式对交换机进行配置管理。

（2）通过 Telnet 对交换机进行配置管理。

（3）通过 Web 对交换机进行配置管理。

（4）通过 SNMP 管理工作站对交换机进行配置管理。

第一次配置交换机时，只能通过 Console 端口对其进行配置管理，这种配置方式需要使用专用的配置线缆连接交换机的 Console 端口对其进行配置，不占用网络带宽，因此称为带外方式。其他 3 种配置交换机的方式，均需要通过网线连接交换机的 FastEthernet 端口，利用交换机的 IP 地址实现其配置，因此称为带内方式。配置交换机的连接环境如图 1-1-7 所示。

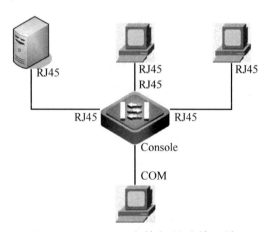

图 1-1-7　配置交换机的连接环境

1.1.3 通过带外方式管理交换机

虽然不同交换机的 Console 端口位置不同，但 Console 端口都有 Console 标识，如图 1-1-8 所示。

图 1-1-8　Console 标识

利用如图 1-1-9 所示的交换机配置线缆，可以将交换机的 Console 端口与计算机的 COM 端口连接起来。

图 1-1-9　交换机配置线缆

Console 端口访问网络设备如图 1-1-10 所示，用户需要将计算机的 COM 端口通过专用的交换机配置线缆（Console 线缆）连接到网络设备的 Console 端口，然后再通过计算机的超级终端程序访问网络设备。

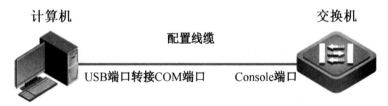

图 1-1-10　Console 端口访问网络设备

目前，大部分计算机已经取消了串行总线端口，具体操作时需要使用专门购置的 USB 端口转接 COM 端口线缆进行连接。

打开计算机，右击桌面上的"此电脑"图标，在弹出的快捷菜单中选择"管理"选项，打开"计算机管理"窗口，在"设备管理器"目录下查看 Console 端口所在的 COM 端口。

当 USB 端口转接 COM 端口正常工作时，会出现对应的 COM 端口编号，如图 1-1-11 所示。

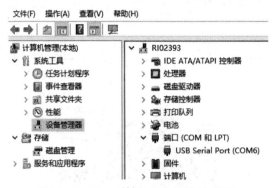

图 1-1-11 查看 COM 端口编号

通过 SecureCRT 终端仿真程序配置网络设备。打开"SecureCRT"软件，新建一个会话向导，在"SecureCRT®协议"下拉列表中选择"Serial"选项，如图 1-1-12 所示，单击"下一步"按钮。

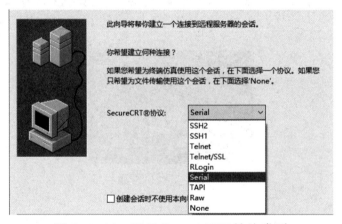

图 1-1-12 配置 SecureCRT 协议类型

在如图 1-1-13 所示的界面中，端口设置为"COM6"，波特率设置为"9600"。需要注意的是，在配置端口信息时不要勾选"流控"选区中的"RTS/CTS"复选框。

图 1-1-13 配置 SecureCRT 端口信息

设置好相关参数后，单击"下一步"按钮，即可进入设备命令行界面，如图 1-1-14 所示。

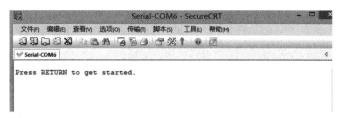

图 1-1-14　设备命令行界面

1.1.4　通过带内方式管理交换机

交换机配置界面分为若干模式，用户所处模式不同，能够使用的命令格式也不同。根据配置管理功能的不同，交换机可分为以下 3 种工作模式。

（1）用户模式。

（2）特权模式。

（3）配置模式（全局配置模式、VLAN 配置模式、端口配置模式、线程配置模式等）。

当用户和设备建立一个会话连接时，首先会处于"用户模式"。在用户模式中只能使用少量的命令，命令的功能也受到限制。

若要使用更多配置命令，则必须进入"特权模式"。在特权模式下可进入"配置模式"，可使用配置模式（如全局配置模式、端口配置模式等）中的相关命令。若用户保存配置信息，这些命令将被保存下来，并在系统重启时对当前运行配置产生影响。

交换机各种命令模式的提示符和示例见表 1-1-1。

表 1-1-1　交换机各种命令模式的提示符和示例

工 作 模 式		提 示 符	示 例
特权模式		Switch#	Switch>enable
配置模式	全局配置模式	Switch(config) #	Switch#configure terminal
	VLAN 配置模式	Switch(config-vlan)#	Switch(config)#vlan 100
	端口配置模式	Switch(config-if-FastEthernet 0/0)#	Switch(config)#interface Fa0/0
	线程配置模式	Switch(config-line)#	Switch(config)#line console 0

【综合实训 1】配置交换机，组建交换网络

网络场景

按照如图 1-1-15 所示的网络场景，使用 Console 线缆（或者使用 USB 端口转接 COM 端口线缆）将交换机的 Console 端口和计算机的 COM 端口连接起来。启动计算机超级终

端程序（或者 SecureCRT 终端仿真程序），正确配置好参数，实现交换机的初始化连接，交换机成功引导之后，进入初始配置界面。

图 1-1-15　网络场景

使用"enable"命令进入特权模式后，再使用"configure terminal"命令进入全局配置模式，即可开始配置参数。

实施过程

1. 配置交换机名称

```
Ruijie>                                    ！用户模式
Ruijie>enable                              ！进入特权模式
Ruijie#configure terminal                  ！进入全局配置模式
Ruijie(config)#hostname  Switch            ！配置网络设备名称
Switch(config)#                            ！此时网络设备名称已经修改
```

备注：交换机名称长度不能超过 255 个字符。在全局配置模式下使用"no hostname"命令，可以将系统名称恢复为默认值。

2. 配置系统时间

```
Switch#clock set 05:54:43 1 30 2023        ！设置系统时间和日期
Switch#show clock                          ！查看修改的系统时间
……
```

3. 配置每日提示信息

```
Switch(config)#banner motd  #                              ！开始分界符
Enter TEXT message. End with the character '#'.
Notice: system will shutdown on July 6th.#                 ！结束分界符
Switch(config)#
```

在全局配置模式下使用"no banner motd"命令，可以删除配置的每日提示信息参数。

4. 配置交换机端口速率

快速以太网交换机端口速率默认为 100 Mbit/s 且为全双工模式。在交换机的端口配置模式下，使用以下命令来配置交换机的端口速率。

```
Switch#configure terminal
Switch(config)#interface Fastethernet 0/3        ！进入 Fa0/3 的端口配置模式
Switch(config-if-FastEthernet 0/3)#speed  10     ！配置端口速率为10Mbit/s
```

```
! 端口速率参数有100（100 Mbit/s）、10（10 Mbit/s）、auto（自适应），默认为auto
Switch(config-if-FastEthernet 0/3)#duplex half
                                            ! 配置端口的双工模式为半双工
            ! 配置模式有 full（全双工）、half（半双工）、auto（自适应），默认为 auto
Switch(config-if-FastEthernet 0/3)#no shutdown      ! 开启该端口，转发数据
```

备注 1： 在实验中根据设备情况，调整配置端口名称，如 FastEthernet 0/3 或 Gigabit-Ethernet 0/3。最新版本的交换机端口默认都是千兆位端口（GigabitEthernet）。

备注 2： 在实验中打开端口提示默认为 "Switch（config-if-FastEthernet 0/3）#"，有些版本使用省略提示 "Switch（config-if）#"，表达含义一样，后续不再逐个区分说明。

5. 配置交换机管理 IP 地址

虽然二层网络设备端口不能配置 IP 地址，但可以为交换机虚拟端口（Switch Virtual Interface，SVI）配置 IP 地址来作为交换机的管理地址。

默认交换机虚拟端口 VLAN 1 是交换机管理中心，交换机的管理 IP 地址只能有一个生效，可以使用以下命令来配置交换机的管理 IP 地址。

```
Switch>enable
Switch#configure terminal
Switch(config)#interface vlan 1              ! 打开 VLAN 1 交换机管理中心
Switch(config-if-vlan 1)#ip address 192.168.1.1 255.255.255.0
                                             ! 为交换机配置管理 IP 地址
Switch(config-if-vlan 1)#no shutdown         ! 打开端口
Switch(config-if-vlan 1)#end                 ! 退出到用户模式
```

备注： 最新版本的交换机设备端口，默认具有三层功能，使用如下命令格式，可以直接在端口上配置 IP 地址。

```
Switch(config)#interface Gi0/1
Switch(config-if)#no Switch
Switch(config-if)#ip address 192.168.1.1 255.255.255.0
```

6. 查看并保存配置

在特权模式下使用 "show running-config" 命令，可查看当前生效配置。如果需要对配置进行保存，可使用 "write" 命令来保存配置。

```
Switch#show version                          ! 查看交换机的系统版本信息
......
Switch#show running-config                   ! 查看交换机的配置文件信息
......
Switch#show vlan 1                           ! 查看交换机的管理中心信息
......
Switch#show interfaces Fa0/1                 ! 查看交换机的 Fa0/1 端口信息
......
```

也可使用以下命令来保存交换机的配置文件信息。

```
Switch#write memory
```

或者

```
Switch#write
```
或者
```
Switch#copy running-config startup-config
```

说明1：本实训可以使用锐捷模拟器或思科 Packet Tracer 模拟器实训，由于选择的型号或使用的模拟器不同，实训涉及到的端口信息需要读者按实际情况进行相应调整，相关模拟器获取见前言说明。

说明2：使用锐捷模拟器实训，无论打开交换机端口还是路由器端口配置 IP 地址，都需要使用"no switch"命令开启端口三层功能。

说明3：由于系统版本不同，打开的端口提示有简版"Switch(config-if)#"和标准版"Switch(config-if-GigabitEthernet 0/0)#"，表达含义一样。

说明4：由于系统版本不同，在打开端口时有百兆端口"FastEthernet"和千兆端口"GigabitEthernet"，以及各种端口编号，如 Gi0/0、Fa1/0、Fa0/1 等。实训中对任务涉及的端口编号部分，可做修改和调整。

说明5：设备物理接口也称"网口"或"接口"或"端口"。其词汇内涵和外延稍有区别，限于篇幅，根据工程师工作习惯使用，不再专门说明。

小贴士

限于实训环境和条件，用户也可以使用华为 eNSP 模拟器，完成上述实训操作，扫描下方二维码，阅读配套的实训过程文档。

综合实训 1

任务1.2 利用虚拟局域网技术，隔离广播和冲突

1.2.1 虚拟局域网技术

1. 虚拟局域网

虚拟局域网（Virtual Local Area Network，VLAN）是一种将局域网内的设备逻辑地址划分成一个个网段的技术。这里的网段仅仅是逻辑网段的概念，而不是真正的物理网段，可以将 VLAN 简单地理解为在一个物理网络上逻辑划分出来的网络。

VLAN 相当于 OSI 参考模型第二层（数据链路层）的广播域，能够将广播流量控制在一个 VLAN 内部，随着划分 VLAN 后广播域的缩小，网络中广播包消耗带宽所占的比例大大降低，网络的性能得到显著提高。不同 VLAN 之间的数据传输是通过第三层（网络层）的路由器来实现的。因此，通过 VLAN 技术并结合数据链路层和网络层的交换设备，可搭建安全可靠的网络。如图 1-2-1 所示为使用虚拟局域网技术隔离的部门网络。

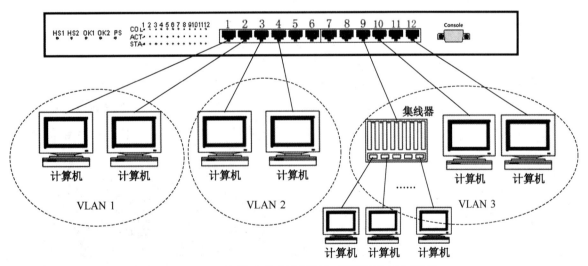

图 1-2-1　使用虚拟局域网技术隔离的部门网络

2. 虚拟局域网的应用

VLAN 与普通局域网最基本的差异体现在 VLAN 不局限于某一网络或物理范围，并且 VLAN 中的用户可以位于一个园区的任意位置。

VLAN 可以根据网络用户的位置、作用和部门，或者根据网络用户所使用的应用程序和协议来进行分组，网络管理员通过控制交换机的端口来控制网络用户对网络资源的访问。同时，VLAN 与 OSI 参考模型的第三层、第四层的网络设备结合使用能够为网络提供较好的安全措施。

VLAN 涉及一组逻辑上的设备和用户，这些设备和用户并不受物理位置的限制，可以根据功能、部门和应用等因素将它们组织起来，相互之间的通信就好像它们在同一个网段中一样。VLAN 工作在 OSI 参考模型的第二层和第三层，一个 VLAN 就是一个广播域，VLAN 之间的通信是通过第三层的路由器来完成的。

3. 虚拟局域网的特点

与传统的局域网技术相比，VLAN 技术更加灵活，它具有减少网络设备的移动、添加和修改的管理开销，能够控制广播活动，以及提高网络安全性等优点。

如图 1-2-2 所示，如果不划分 VLAN，那么连接在交换机上的 12 个用户可以直接通信。

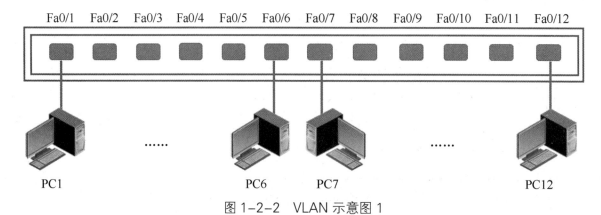

图 1-2-2　VLAN 示意图 1

如果将 PC1 至 PC6 划分在一个 VLAN 中（如 VLAN 10），再将 PC7 至 PC12 划分到另一个 VLAN 中（如 VLAN 20），如图 1-2-3 所示，那么前 6 台 PC，即 PC1 至 PC6 之间可以通信；后 6 台 PC，即 PC7 至 PC12 之间也可以通信，但是前 6 台 PC 和后 6 台 PC（如 PC6 和 PC7）之间无法通信。

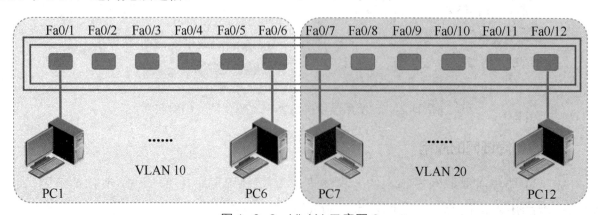

图 1-2-3　VLAN 示意图 2

简单来说，VLAN 就是将一个物理交换机逻辑地划分成多个小交换机，同一个小交换机的用户可以直接通信，不同小交换机之间无法直接通信。

VLAN 具有以下特点。

（1）基于逻辑分组。

（2）在同一 VLAN 内和真实局域网相同。

（3）不受物理位置限制。

（4）减少结点在网络中移动带来的管理代价。

（5）不同 VLAN 内用户进行通信，需要借助第三层的设备。

1.2.2 虚拟局域网功能

VLAN 主要有以下两个功能。

（1）控制不必要的广播扩散，从而提高网络带宽利用率，减少资源浪费。

（2）划分不同的用户组，对用户组之间的访问进行限制，从而提高网络安全性。

默认情况下，交换机所有端口都在一个广播域。也就是说，连接交换机的一台 PC 发送广播帧，该交换机的其他端口都能收到该广播帧。当划分 VLAN 后，交换机的广播范围如图 1-2-4 所示，PC1 发送的广播帧到交换机的 Fa0/1 端口后，交换机所有和 Fa0/1 端口在同一个 VLAN 的端口都能收到该广播帧，而不在同一个 VLAN 的端口无法收到该广播帧，即把一个广播域划分为多个广播域，这样减少了广播帧的泛洪，节省了资源。

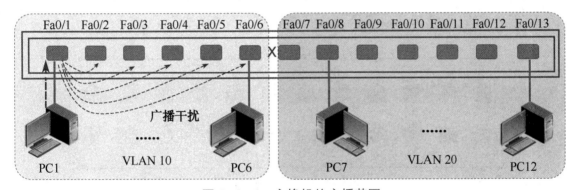

图 1-2-4　交换机的广播范围

如果 PC1 至 PC6 属于公司财务部，而 PC7 至 PC12 属于公司销售部，此时财务部内部可以互相通信，销售部内部也可以相互通信，而这两个部门之间无法通信，这样可以保证上网用户的网络安全。

VLAN 的划分方法主要有以下 4 种。

（1）基于端口的 VLAN：根据以太网交换机的端口来划分 VLAN。

（2）基于 MAC 地址的 VLAN：根据每个主机网卡的 MAC 地址来划分 VLAN。

（3）基于网络层的 VLAN：根据每个主机的网络层地址或协议类型（如果支持多协议）来划分 VLAN。

（4）基于 IP 组播的 VLAN：一个 IP 组播组就是一个 VLAN。

1.2.3 基于端口划分虚拟局域网

在划分 VLAN 的方法中，最常用的是基于端口的 VLAN 划分。这种划分方法简单实用，是把交换机的端口划分到对应的 VLAN 中，它实际上是交换机的某些端口的集合，网络管理员只需要管理和配置这些端口，无须管理端口所连接的设备。

这种基于端口划分 VLAN 的方法是根据交换机的端口来划分的。例如，划分交换机的 Fa0/3 至 Fa0/8 端口为 VLAN 10，Fa0/19 至 Fa0/24 端口为 VLAN 20，这些属于同一 VLAN 的端口可以不连续，同一 VLAN 也可以跨越数个以太网交换机。

基于端口划分 VLAN 是目前定义 VLAN 最广泛的方法，IEEE 802.1q 规定了依据交换机的端口来划分 VLAN 的国际标准。这种划分方法的优点是定义 VLAN 成员时非常简单，只要将所有的端口定义一下即可；缺点是如果某 VLAN 的用户主机连接到一个新的交换机的某个端口，则必须重新定义。

PC 只要连接到同一个 VLAN 对应的端口即可实现通信，如果连接到不同 VLAN 对应的端口，则无法正常通信。默认情况下，交换机所有端口都属于 VLAN 1，因此这些端口都可以通信，如果将 Fa0/11、Fa0/13、Fa0/15、Fa0/17 划分到 VLAN 10，将 Fa0/19、Fa0/21 至 Fa0/24 划分到 VLAN 20，则剩余端口仍处于 VLAN 1，如图 1-2-5 所示。

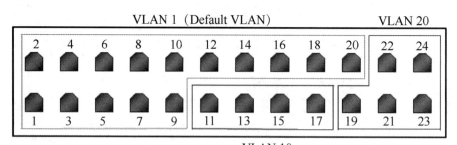

图 1-2-5　VLAN 的划分

如果 PC1 和 PC2 连接在上述划分 VLAN 的交换机上，那么：

- PC1 和 PC2 分别连接在 Fa0/11 和 Fa0/13 端口上，两台 PC 可以通信。
- PC1 和 PC2 分别连接在 Fa0/21 和 Fa0/22 端口上，两台 PC 可以通信。
- PC1 和 PC2 分别连接在 Fa0/1 和 Fa0/16 端口上，两台 PC 可以通信。
- PC1 和 PC2 分别连接在 Fa0/11 和 Fa0/21 端口上，两台 PC 不能通信。

配置 VLAN 的思路如下：

● 创建新 VLAN。

● 手工将端口加入新 VLAN 中。

1.2.4 虚拟局域网干道技术

1996 年 3 月，IEEE 802.1 Internet Working 委员会结束了对 VLAN 初期标准的修订工作，新标准进一步完善了 VLAN 的体系结构，并制定了 IEEE 802.1q VLAN 标准。

IEEE 802.1q 使用 4 Byte 的标记头定义 TAG（标记），4 Byte 的 TAG 头包括 2 Byte 的 TPID（Tag Protocol Identifier）和 2 Byte 的 TCI（Tag Control Information）。其中，TPID 为固定数值"0x8100"。

其中，TCI 包含的组件有 3 bit 的用户优先级；1 bit 的 CFI（Canonical Format Indicator），默认值为 0；12 bit 的 VID（VLAN Identifier），即 VLAN 标识符。IEEE 802.1q 最多支持 4094 个 VLAN，其中 VLAN 1 是不可删除的默认 VLAN。

如图 1-2-6 所示为以太网帧格式和 802.1q 帧格式的比较。

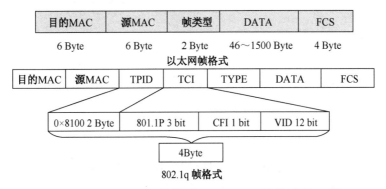

图 1-2-6 以太网帧格式和 802.1q 帧格式的比较

在一台交换机中，同一个 VLAN 内部的主机可以相互通信。

如图 1-2-7 所示，若想要让两台交换机中的相同 VLAN（如两台交换机的 VLAN 10）之间相互通信，则需要将这两台交换机互连起来。一般建议使用干道技术，也就是使用交换机的 TRUNK 端口进行互连。

交换机的 TRUNK 端口不属于某一个 VLAN 专有，多个 VLAN 的数据可以在 TRUNK 端口中同时传输，这和之前所述的连接用户主机的端口不同。之前连接用户主机的端口只能传输一个 VLAN 的数据，这种端口称为 ACCESS 端口。默认情况下，交换机上的所有端口都属于 ACCESS 端口。

由于交换机的 TRUNK 端口可以同时传输多个 VLAN 的数据，为了不传错乱，如把 Switch1 交换机的 VLAN 10 的数据传输到 Switch2 交换机的 VLAN 20 中，数据在干道上传输时会被打上标签，常使用的标签协议为 DOT1Q 协议。

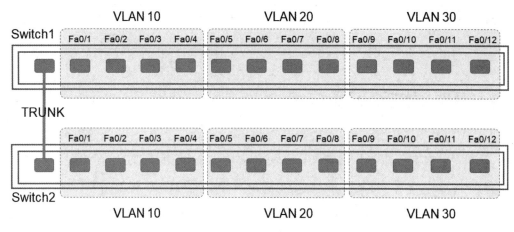

图 1-2-7　TRUNK 端口互连示意图

通过交换机的 TRUNK 端口发送数据时，有一个 VLAN 不打标签，该 VLAN 称为这个 TRUNK 端口的 Native VLAN，也称本帧 VLAN。默认交换机 TRUNK 端口的本帧 VLAN 为 VLAN 1，且可以修改。

在默认情况下，TRUNK 端口允许所有交换机上已经创建的 VLAN 数据通过，可以通过在交换机的 TRUNK 口上做 VLAN 修剪来过滤不必要的 VLAN 数据。

【综合实训 2】配置虚拟局域网

网络场景

如图 1-2-8 所示的网络场景为某公司办公网络，公司为了减少部门之间的网络干扰，增强部门网络安全性，需要实施部门网络之间的安全隔离，并实现同一部门跨交换机在同一虚拟局域网之间的安全连通。

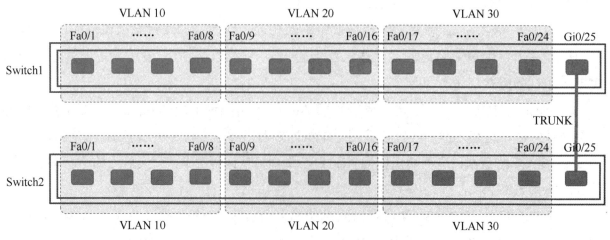

图 1-2-8　某公司办公网络

实施过程

1. 配置虚拟局域网

- Switch1 的配置如下。

```
Ruijie>enable                              ！进入特权模式
Ruijie#configure terminal                  ！进入全局配置模式
Ruijie(config)#hostname Switch1            ！将交换机名称修改为Switch1
Switch1(config)#vlan 10                     ！创建VLAN 10
Switch1(config-vlan)#exit                   ！进入全局配置模式
Switch1(config)#vlan 20                     ！创建VLAN 20
Switch1(config-vlan)#exit                   ！进入全局配置模式
Switch1(config)#vlan 30                     ！创建VLAN 30
Switch1(config-vlan)#exit
```

- Switch2 的配置如下。

```
Ruijie>enable                              ！进入特权模式
Ruijie#configure terminal                  ！进入全局配置模式
Ruijie(config)#hostname Switch2            ！将交换机名称修改为Switch2
Switch2(config)#vlan 10                     ！创建VLAN 10
Switch2(config-vlan)#exit                   ！进入全局配置模式
Switch2(config)#vlan 20                     ！创建VLAN 20
Switch2(config-vlan)#exit                   ！进入全局配置模式
Switch2(config)# vlan 30                    ！创建VLAN 30
Switch2(config-vlan)#exit
```

备注：为交换机创建 VLAN 时，默认交换机只有 VLAN 1。若要删除 VLAN，如删除 VLAN 10，则需要输入"no vlan 10"命令。

2. 将端口划分到相应 VLAN

- Switch1 的配置如下。

```
Switch1(config)#interface range Fa 0/1-8      ！进入交换机的Fa0/1至Fa0/8端口
Switch1(config-if-range)#switchport access vlan 10
                                              ！将端口划分到VLAN 10
Switch1(config-if-range)#exit                 ！进入全局配置模式
Switch1(config)#interface range Fa 0/9-16
                              ！进入交换机的Fa0/9至Fa0/16端口
Switch1(config-if-range)#switchport access vlan 20
                              ！将端口划分到VLAN 10
Switch1(config-if-range)#exit                 ！进入全局配置模式
Switch1(config)#interface range Fa 0/17-24
                              ！进入交换机的Fa0/17至Fa0/24端口
Switch1(config-if-range)#switchport access vlan 30
                              ！将端口划分到VLAN 30
Switch1(config-if-range)#exit                 ！进入全局配置模式
```

● Switch2 的配置如下。

```
Switch2(config)#interface range Fa 0/1-8    ! 进入交换机的 Fa0/1 至 Fa0/8 端口
Switch2(config-if-range)#switchport access vlan 10 ! 将端口划分到 VLAN 10
Switch2(config-if-range)#exit    ! 进入全局配置模式
Switch2(config)#interface range Fa 0/9-16! 进入交换机的 Fa0/9 至 Fa0/16 端口
Switch2(config-if-range)#switchport access vlan 20    ! 将端口划分到 VLAN 20
Switch2(config-if-range)#exit   ! 进入全局配置模式
Switch2(config)#interface range Fa 0/17-24
                                  ! 进入交换机的 Fa0/17 至 Fa0/24 端口
Switch2(config-if-range)#switchport access vlan 30   ! 将端口划分到 VLAN 30
Switch2(config-if-range)#exit                        ! 进入全局配置模式
```

备注：交换机默认所有端口都是 ACCESS 端口且属于 VLAN 1。若被指定为其他类型，则可以在端口下使用"switchport mode access"命令，将端口设为 ACCESS 端口。

3. 配置交换机的干道技术

● Switch1 的配置如下。

```
Switch1(config)#int Gi 0/25                          ! 进入 Gi0/25 端口
Switch1(config-if-GigabitEthernet 0/25)#switchport mode trunk
                                            ! 将端口设为 TRUNK 端口
Switch1(config-if-GigabitEthernet 0/25)#exit   ! 进入全局配置模式
```

● Switch2 的配置如下。

```
Switch2(config)#int Gi 0/25                          ! 进入 Gi0/25 端口
Switch2(config-if-GigabitEthernet 0/25)#switchport mode trunk
                                            ! 将端口设为 TRUNK 端口
Switch2(config-if-GigabitEthernet 0/25)#exit   ! 进入全局配置模式
```

备注：交换机端口设置为 TRUNK 端口后，默认允许所有已经创建的 VLAN 数据通过。

4. 配置 TRUNK 口的 VLAN 修剪

● Switch1 的配置如下。

```
Switch1(config)#int Gi 0/25         ! 进入 Gi0/25 端口
Switch1(config-if-GigabitEthernet 0/25)#switchport trunk allowed vlan
remove 1-9,11-19,21-29,31-4094      ! 修剪 TRUNK 端口不必要的 VLAN
Switch1(config-if-GigabitEthernet 0/25)#exit   ! 进入全局配置模式
```

● Switch2 的配置如下。

```
Switch2(config)#int Gi 0/25                          ! 进入 Gi0/25 端口
Switch2(config-if-GigabitEthernet 0/25)#switchport trunk allowed vlan
remove 1-4094                           ! 修剪 TRUNK 端口不必要的 VLAN
Switch2(config-if-GigabitEthernet 0/25)#switchport trunk allowed vlan add
10，20，30                     ! 添加 VLAN 10、VLAN 20 和 VLAN 30
Switch2(config-if-GigabitEthernet 0/25)#switchport trunk
Switch2(config-if-GigabitEthernet 0/25)#exit         ! 进入全局配置模式
```

备注 1：在 TRUNK 端口下才需进行 VLAN 修剪。修剪时，可以将多余 VLAN 修剪掉，也可以先将所有 VLAN 修剪掉，再根据需要增加 VLAN。

备注 2：使用锐捷模拟器开展实训时，根据模拟器的端口数量重新规划端口。

5. 保存并查看交换机配置

- Switch1 的配置如下。

```
Switch1#show vlan                        ！查看交换机 VLAN 信息
......
Switch1#show interface switchport        ！查看交换机端口的 VLAN 信息
......
Switch1#show interface trunk             ！查看交换机端口的干道信息
......
```

- Switch2 的配置如下。

```
Switch2#show vlan                        ！查看交换机 VLAN 信息
......
Switch2#show interface switchport        ！查看交换机端口的 VLAN 信息
......
Switch2#show interface trunk             ！查看交换机端口的干道信息
......
```

小贴士

限于实训环境和条件，用户也可以使用华为 eNSP 模拟器，完成上述实训操作，扫描下方二维码，阅读配套的实训过程文档。

综合实训 2

任务1.3 利用交换机生成树技术，增强网络健壮性

1.3.1 生成树产生的背景

1. 交换网络中的备份和冗余好处

在许多交换机设备组成的网络环境中，通常使用一些备份连接来提高网络的健全性和稳定性。备份连接也称备份链路、冗余链路等。交换机的备份链路示意图如图 1-3-1 所示，SW1 的 Fa0/1 端口与 SW3 的 Fa0/1 端口之间的链路就是一个备份链路。当主链路（SW1 的 Fa0/2 端口与 SW2 的 Fa0/2 端口之间的链路，或者 SW2 的 Fa0/1 端口与 SW3 的 Fa0/2 端口之间的链路）出现故障时，备份链路会自动启用，备份链路极大地提高了网络的整体可靠性。

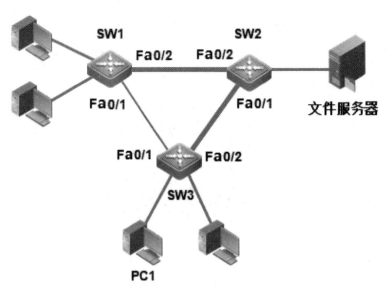

图 1-3-1 交换机的备份链路示意图

虽然使用备份链路能够提高网络的健全性、稳定性和可靠性等，但是备份链路使网络存在环路。在如图 1-3-1 所示的示意图中，SW1-SW2-SW3 就是一个环路。环路问题是备份链路所面临的最严重的问题，可能会出现广播风暴、多帧复制及 MAC 地址表不稳定等问题。

为了减少网络中的单点故障，增加网络可靠性，交换网络中有时会使用冗余拓扑，如

图 1-3-1 所示。正常情况下，PC1 的数据可以从 SW3 的 Fa0/2 端口经 SW2 到达文件服务器，而当 SW3 的 Fa0/2 端口连接线路出现故障时，数据会从 SW3 的 F0/1 端口经过 SW1 和 SW2 到达文件服务器。

冗余拓扑引发的二层环路会带来以下问题。

（1）广播风暴。

（2）多帧复制。

（3）MAC 地址表抖动。

2. 交换网络中备份和冗余生成的环路所带来的问题

（1）广播风暴。

在一些较大型的网络中，当大量广播流（如 MAC 地址查询信息等）同时在网络中传播时会发生数据包的碰撞。此时，网络试图缓解这些碰撞并重传更多的数据包，结果导致全网的可用带宽减少，并最终使得网络失去连接而造成网络瘫痪，这一过程被称为广播风暴。

在网络中，一台设备能够将数据包转发给网络中所有站点的技术称为广播。由于广播能够穿过由普通交换机或交换机连接的多个局域网段，因此几乎所有局域网的网络协议都会优先使用广播的方式进行管理与操作。广播使用广播帧发送和传递信息，广播帧没有明确的目的地址，发送的对象是网络中的所有主机，也就是说，网络中的所有主机都将接收到该数据帧。

在一个较大规模的网络中，随着拓扑结构的复杂程度，可能会产生许多环路，由于以太网、令牌环网等在第二层协议均没有控制环路数据帧的机制，各个小型环路产生的广播风暴将不断扩散到全网，进而造成网络瘫痪，因此广播风暴成为二层网络中灾难性的故障。

如图 1-3-2 所示，二层环路导致广播在网络中不停地转发数据，会瞬间耗尽交换机所有处理能力，使交换机无法转发其他数据。

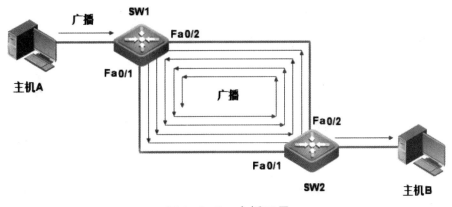

图 1-3-2　广播风暴

（2）多帧复制。

网络中如果存在环路，目的主机可能会收到某个数据帧的多个副本，此时会导致上层协议在处理这些数据帧时无从选择，产生迷惑：究竟该处理哪个帧呢？严重时还可能导致网络连接中断。

如图 1-3-3 所示，二层环路会导致目标结点收到多个相同的数据帧，既浪费结点的处理能力，又浪费网络带宽。

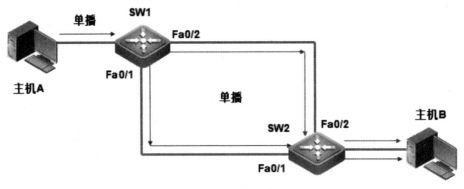

图 1-3-3　多帧复制

（3）MAC 地址表抖动。

当交换机连接不同网段时，会出现通过不同端口接收到同一个广播帧的多个副本的情况，这一过程也会同时导致 MAC 地址表的多次刷新。这种持续的更新、刷新过程会严重耗用内存资源，影响该交换机的交换能力，同时降低整个网络的运行效率，严重时将耗尽整个网络资源，并最终造成网络瘫痪。

如图 1-3-4 所示，交换机上的 MAC 地址表不稳定，导致交换机在 MAC 地址表学习上浪费更多资源，所以网络中的用户需要防止二层环路，其中最常用的方法就是利用生成树协议。

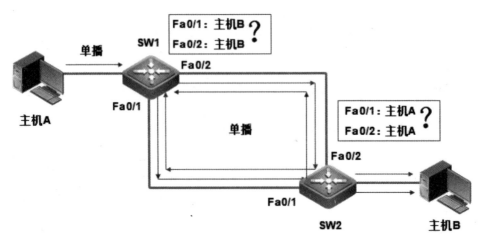

图 1-3-4　MAC 地址表抖动

1.3.2 生成树协议

为了解决冗余链路引起的问题，IEEE 通过了 IEEE 802.1d 协议，即生成树协议。IEEE 802.1d 协议通过在交换机中运行一套复杂的算法，使冗余端口置于"阻塞状态"，使得网络中的计算机在通信时，只有一条链路生效。当这个链路出现故障时，根据 IEEE 802.1d 协议交换机将会重新计算出网络的最优链路，将处于"阻塞状态"的端口重新打开，从而确保网络连接稳定可靠。

1. 生成树概述

（1）生成树协议。

生成树协议（Spanning Tree Protocol，STP）的主要功能是为了解决备份链路产生的环路问题，其主要思想是当网络中存在备份链路时，只允许主链路激活，只有主链路因故障被断开后，备用链路才会被打开。当 IEEE 802.1d 生成树协议检测到网络上存在环路时，会自动断开环路链路。

当交换机之间存在多条链路时，交换机的生成树算法只会启动最主要的一条链路，而其他链路会被阻塞，变为备用链路。当主链路出现问题时，生成树协议将自动启用备用链路接替主链路的工作，无须人工干预。

（2）生成树协议的工作原理。

生成树算法的网桥协议 STP 是通过将二层网络拓扑从逻辑上转变成树状结构来防止二层环路的。简单来说，生成树协议的工作原理可以分为以下两步。

① 正常情况下，STP 协议阻塞冗余端口，使网络中结点在通信时只有一条链路生效。

② 当链路出现故障时，将处于"阻塞状态"的端口打开，从而保证网络正常通信。

如图 1-3-5 所示，正常情况下将 SW3 的 Fa0/1 端口逻辑阻塞，这时 SW3 访问 SW2 的数据会从 SW3 的 Fa0/2 端口发送到 SW2，当 SW3 的 Fa0/2 端口出现故障后，SW3 的 Fa0/1 端口开始转发数据，SW3 的数据从 Fa0/1 端口经过 SW1 发送到 SW2。

2. 了解生成树版本

生成树协议和其他协议一样，是随着网络的发展而不断更新换代的。在生成树协议的发展过程中，按照功能点的改进情况，可以把生成树协议的发展过程划分成三代。生成树的版本主要有以下 3 个。

（1）STP：生成树，标准为 IEEE 802.1d。

（2）RSTP（Rapid STP）：快速生成树，标准为 IEEE 802.1w。

（3）MSTP（Multi-Instance STP）：多实例生成树，标准为 IEEE 802.1s。

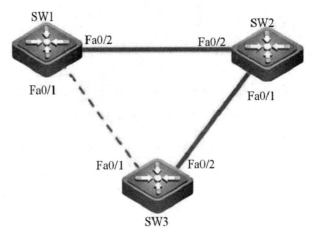

图 1-3-5　生成树协议的工作原理

3. 认识桥接协议数据单元

交换机之间会周期性地发送 STP 的桥接协议数据单元（Bridge Protocol Data Unit，BPDU），用于实现 STP 的功能。

BPDU 主要功能如下。

● 通过比较 BPDU 中的参数得到要阻塞的端口。

● 如果交换机端口在一段时间内未收到 BPDU 报文，则交换机会感知到拓扑变化，进而允许被阻塞端口转发数据。

BPDU 报文中的主要内容有选举参数和计时器。

（1）选举参数。

● 链路路径开销：由设备端口带宽换算得出或手动设置，将每段链路的开销累计起来。

● 网桥 ID：共 64 bits，由网桥优先级和网桥 MAC 地址组成。

● 端口 ID：共 16 bits，由端口优先级和端口编号组成。

（2）计时器。

● Hello Time：发送 BPDU 报文的间隔，默认为 2 s。

● Forward-Delay Time：BPDU 报文传到全网的时间，默认为 15 s。

● Max-Age Time：BPDU 最大生效的时间，默认为 20 s。

4. 生成树的选举

生成树的选举一般分为以下四步。

（1）选举一个根网桥。网桥 ID 值最小者当选，如图 1-3-6 所示。

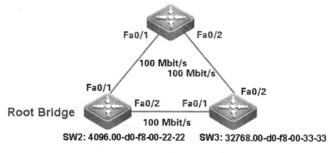

图 1-3-6　选举根网桥

（2）在每个非根网桥上选举一个根端口，如图 1-3-7 所示。选举依据如下。

- 选择根路径开销最小的端口。
- 如果根路径开销相同，则选择发送网桥 ID 值最小的端口。
- 如果发送网桥 ID 值相同，则选择发送端口 ID 值最小的端口。

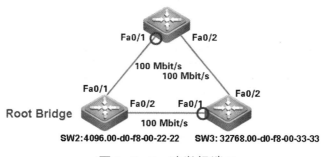

图 1-3-7　选举根端口

（3）在每个网段上选举一个指定端口，如图 1-3-8 所示。选举依据如下。

- 选择根路径开销最小的端口。
- 如果根路径开销相同，则选择所在交换机的网桥 ID 值最小的端口。
- 如果网桥 ID 值相同，则选择端口 ID 值最小的端口。

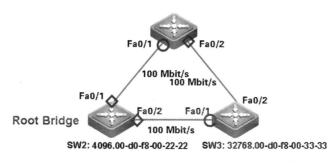

图 1-3-8　选举指定端口

（4）阻塞非根和非指定端口，如图 1-3-9 所示为生成树选举结果。

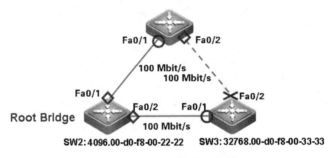

图 1-3-9　生成树选举结果

5. 生成树的端口状态

- 阻塞状态（Blocking）：只能接收 BPDU，不能接收或传输数据，不能把 MAC 地址加入地址表。
- 监听状态（Listening）：可以接收和发送 BPDU，不能接收或传输数据，不能把 MAC 地址加入地址表。
- 学习状态（Learning）：可以发送和接收 BPDU，可以学习 MAC 地址，不能传输数据。
- 转发状态（Forwarding）：可以发送和接收数据，可以学习 MAC 地址，发送和接收 BPDU。

6. 生成树拓扑变更

生成树拓扑变化示意图如图 1-3-10 所示。

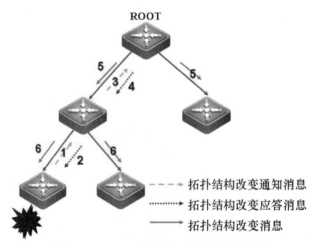

图 1-3-10　生成树拓扑变化示意图

- 由出现链路故障的交换机首先发送拓扑变更报文（TC），并沿最短路径传递，接收到的交换机回应拓扑变更通知报文（TCA），直到传递到根交换机为止。

● 根交换机向下发送 TCN 给非根交换机，网络重新计算 STP，从而使网络重新收敛。

7. 掌握快速生成树协议

专家在 IEEE 802.1d 协议的基础上进行了一些改进，产生了 IEEE 802.1w 协议。虽然 IEEE 802.1d 通信协议解决了链路闭合引起的死循环问题，但生成树的收敛（指重新设定网络中的交换机端口状态）过程需要的时间比较长，可能需要花费 50 s。

对于以前的网络来说，50 s 的阻断是可以接受的，毕竟那时用户对网络的依赖性不强，但是现在情况不同了，用户对网络的依赖性越来越强，50 s 的网络故障足以带来巨大的损失，因此 IEEE 802.1d 协议已经不能适应现代网络的需求。

快速生成树（Rapid Spanning Tree Protocol，RSTP）与传统的 STP 相比，选举过程基本一致，主要改变是在物理拓扑变化或配置参数发生变化时，能够显著减少网络拓扑的重新收敛时间。

RSTP 协议在 STP 协议的基础上做了三点重要改进，使得收敛速度快得多（最快 1 s 以内）。IEEE 802.1w 协议使收敛速度由原来的 50 s 减至 1 s 左右，因此 IEEE 802.1w 又称为"快速生成树协议"。

RSTP 收敛速度快的主要原因有以下四个。

（1）定义了两种新增加的端口角色，用于取代阻塞端口。

● 替代（Alternate Port）端口，也称 AP 端口，为根端口到根网桥的连接提供了替代路径。

● 备份（Backup Port）端口，也称 BP 端口，提供了到达同段网络的备份路径。

（2）端口状态减少为三个。

● 丢弃状态（Discarding）：对应 STP 的 Disable、Blocking、Listening 状态。

● 学习（Learning）状态。

● 转发（Forwarding）状态。

（3）增加了两个变量，用于将端口立即转变为转发状态。

● 边缘端口：是指连接终端的端口。

● 连接类型：根据端口的双工模式来确定，全双工操作的端口为点到点链路，可以实现快速收敛。

（4）BPDU 的传播机制改变。

由出现链路故障的交换机向相邻交换机发送拓扑变更报文（TCN），收到报文的交换机继续转发，直到收敛。

非根网桥即使没有收到根网桥来的 BPDU，也会每隔 2 s 发送一次 BPDU。如果连续三个 Hello Time 里没有收到邻居发来的 BPDU，则认为连接出现故障，重新收敛的时间可能小于 1 s。

1.3.3 配置交换机简单生成树技术

对于生成树的配置，只需要开启生成树，再根据需要选择相应的类型即可。
如果需要指定控制链路，则一般只需要修改交换机优先级即可，具体配置如下。

1. 打开 STP 协议

```
Switch(config)#spanning-tree                    ! 开启生成树协议
```

备注：锐捷交换机默认关闭生成树协议，如果需要关闭生成树协议，则应使用 "no spanning-tree" 命令。

2. 修改生成树协议的类型

```
Switch(config)#spanning-tree mode stp          ! 修改生成树协议的类型
```

3. 配置交换机的优先级

```
Switch(config)#spanning-tree priority <0-61440>        ! 配置交换机的优先级
```

备注：优先级配置只能为 0 或 4096 的 1 至 15 倍，默认为 32768。

4. 配置端口的优先级

```
Switch(config-if-FastEthernet 0/1)#spanning-tree port-priority <0-240>
! 配置端口的优先级
```

备注：端口优先级配置只能为 0 或 16 的 1 至 15 倍，默认为 128。

5. 配置端口的路径成本

```
Switch(config-if-FastEthernet 0/1)#spanning-tree cost cost
```

备注：端口开销默认按端口速率换算，锐捷交换机端口速率与开销的对应关系见表 1-3-1。

表 1-3-1 锐捷交换机端口速率与开销的对应关系

接口速率	端口类型	开销
10 Mbit/s	普通端口	2000000
	Aggregate Link	1900000
100 Mbit/s	普通端口	200000
	Aggregate Link	190000
1 000 Mbit/s	普通端口	20000
	Aggregate Link	19000

6. 配置 Hello Time、Forward-Delay Time 和 Max-Age Time

```
Switch(config)#spanning-tree hello-time seconds     ! 修改 Hello Time
Switch(config)#spanning-tree forward-delay seconds ! 修改 Forward-Delay Time
Switch(config)#spanning-tree max-age seconds        ! 修改 Max-Age Time
```

备注： Hello Time、Forward-Delay Time、Max-Age Time 分别默认为 2s、15s 和 20s。

7. 查看相关命令

```
Switch#show spanning-tree summary             ！查看生成树状态
Switch#show spanning-tree interface interface-id ！查看生成树端口状态
```

1.3.4 配置交换机快速生成树技术

快速生成树的配置方法与生成树配置方法类似，其不同点如下。

1. 修改生成树协议的类型

```
Switch(config)#spanning-tree mode rstp         ！修改生成树协议的类型
```

2. 配置边缘端口

```
Switch(config)#int range Fa 0/1-24             ！进入连接终端的端口
Switch(config-if-range)#spanning-tree portfast ！将端口设为边缘端口
```

备注： 若需要去除边缘端口，则需要输入 "spanning-tree portfast disable" 命令。

【综合实训 3】配置快速生成树，实现网络快速收敛

网络场景

如图 1-3-11 所示为配置快速生成树场景，两台计算机分别连接到两台交换机上，两台交换机为了防止单链路故障，使用了双线连接。交换机配置 RSTP 防环路并将连接计算机的端口配置为 portfast。

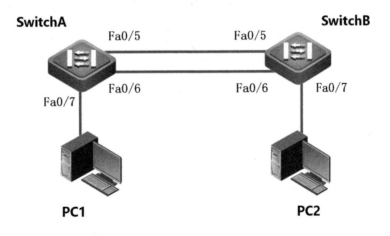

图 1-3-11 配置快速生成树场景

实施过程

1. 开启生成树

● SwitchA 的配置如下。

```
Ruijie>                                        ! 普通用户模式
Ruijie>enable                                  ! 进入特权模式
Ruijie#configure terminal                      ! 进入全局配置模式
Ruijie(config)#hostname SwitchA                ! 命名设备
SwitchA(config)#spanning-tree                  ! 开启生成树协议
SwitchA(config)#spanning-tree mode rstp        ! 指定生成树类型为快速生成树
SwitchA(config)#spanning-tree priority 0       ! 指定生成树优先级为0
```

● SwitchB 的配置如下。

```
Ruijie>enable
Ruijie#config terminal
Ruijie(config)#hostname SwitchB
SwitchB(config)#spanning-tree
SwitchB(config)#spanning-tree mode rstp
```

2. 配置快速转发端口

● SwitchA 的配置如下。

```
SwitchA(config)#int  Fa 0/7                         ! 进入交换机的 Fa 0/7 端口
SwitchA(config-if-FastEthernet 0/7)#spanning-tree portfast
                                                    ! 设置 portfast
SwitchA(config-if-FastEthernet 0/7)#end
```

● SwitchB 的配置如下。

```
SwitchB(config)#int Fa 0/7
SwitchB(config-if-FastEthernet 0/7)#spanning-tree portfast
SwitchB(config-if-FastEthernet 0/7)#end
```

3. 查看操作结果

```
SwitchA#show spanning-tree summary                  ! 查看生成树状态
……
SwitchA#show spanning-tree interface f 0/5           ! 查看生成树端口
……
```

小贴士

　　限于实训环境和条件，用户也可以使用华为 eNSP 模拟器，完成上述实训操作，扫描右方二维码，阅读配套的实训过程文档。

综合实训 3

任务 1.4 利用交换机链路聚合技术，提升骨干链路带宽

1.4.1 交换机链路聚合技术

对于局域网交换机之间，以及从交换机到高需求服务的许多网络连接来说，1 Gbit/s 的带宽已经无法满足网络的应用需求。除了 ISP、应用服务提供商、流媒体提供商等企业，传统企业网络管理员也会感受到服务器连接上的带宽压力。

链路聚合技术（也称端口聚合技术）帮助用户减少了这种压力。制定于 1999 年的 802.3ad 标准，定义了如何将两个以上的以太网链路组合起来进行高带宽网络连接，以实现负载共享、负载平衡及提供更好冗余性的方法。

如图 1-4-1 所示为聚合端口应用示意图，把多个物理端口捆绑在一起并形成一个简单的逻辑端口，这个逻辑端口被称为 Aggregate Port（以下简称 AP）。AP 是链路带宽扩展的一个重要途径，它可以把多个端口的带宽叠加起来使用，如全双工快速以太网端口形成的 AP，其最大传输速率可以达到 800 Mbit/s，或者千兆位以太网端口形成的 AP，其最大传输速率可以达到 8 Gbit/s。

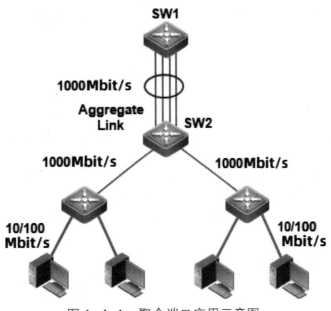

图 1-4-1 聚合端口应用示意图

1. 掌握链路聚合技术

聚合端口基于 IEEE 802.3ad 协议标准，该协议主要用于把多个物理端口捆绑在一起，形成一个逻辑端口。

如图 1-4-1 所示，若两台交换机 SW1 和 SW2 上的端口最大传输速率为 1000 Mbit/s，将 4 个千兆位端口进行绑定，则两台交换机之间的最大传输速率可达 4000 Mbit/s。

聚合端口的主要优点如下。

- 扩展链路带宽。
- 实现成员端口上的流量平衡。
- 自动链路冗余备份。

这项标准适用于 10 Mbit/s、100 Mbit/s、1000 Mbit/s 的以太网。聚合在一起的链路可以在一条单一逻辑链路上组合使用上述传输速度，这就使用户在交换机之间有一个千兆位端口，以及 3 或 4 个 100 Mbit/s 端口时有更多的选择，能够以负担得起的方式逐渐增加带宽。由于网络传输流被动态分布到各个端口，因此在聚合链路中自动完成了对实际流经某个端口的数据的管理。

IEEE 802.3ad 协议标准的另一个主要优点是可靠性强。当链路传输速率可达到 8 Gbit/s 时，即使在一条电缆被切断的情况下，网络也不会瘫痪，这正是 IEEE 802.3ad 所具有的自动链路冗余备份功能。

链路聚合标准在点到点链路上提供了固有的、自动的冗余性。换句话说，如果链路所使用的多个端口中的一个端口出现故障，网络传输流可以动态地向链路中剩余的正常状态的端口进行传输。这种改向速度很快，当交换机得知媒体访问控制地址已经被自动地从一个链路端口重新分配到同一链路中的另一个端口时，改向就会被触发。这台交换机将数据发送到新端口位置，并且在服务几乎不中断的情况下，网络保持继续运行。

总之，端口聚合将交换机上的多个端口在物理上连接起来，在逻辑上捆绑在一起，形成一个拥有较大带宽的端口和一条干道，实现均衡负载并提供冗余链路。

2. 实现流量平衡

AP 根据报文的 MAC 地址或 IP 地址进行流量平衡，即把流量平均分配到 AP 的成员链路中，根据源 MAC 地址、目的 MAC 地址或源 IP 地址/目的 IP 地址对流量进行平衡。

源 MAC 地址流量平衡，即根据报文的源 MAC 地址把报文分配到各个链路中。不同的主机转发的链路不同，同一台主机的报文从同一个链路转发（交换机中学到的地址表不会发生变化）。

目的 MAC 地址流量平衡，即根据报文的目的 MAC 地址把报文分配到各个链路中。同一目的主机的报文从同一个链路转发，不同目的主机的报文从不同的链路转发。可以使

用 "aggregateport load-balance" 命令设定流量分配方式。

源 IP 地址/目的 IP 地址对流量平衡是根据报文源 IP 地址与目的 IP 地址进行流量分配的。不同的源 IP 地址/目的 IP 地址对的报文通过不同的端口转发，同一源 IP 地址/目的 IP 地址对的报文通过相同的链路转发，其他的源 IP 地址/目的 IP 地址对的报文通过其他的链路转发。这种流量平衡方式一般用于三层 AP。在此流量平衡模式下收到的如果是二层报文，则自动根据源 MAC/目的 MAC 地址对进行流量平衡。

流量平衡是把流量平均分配到 AP 的成员链路中，常见流量平衡方式有以下几种。

- 根据源 MAC 地址实现流量平衡。
- 根据目的 MAC 地址实现流量平衡。
- 根据源 IP 地址实现流量平衡。
- 根据目的 IP 地址实现流量平衡。
- 根据源 MAC 地址、目的 MAC 地址实现流量平衡。
- 根据源 IP 地址、目的 IP 地址实现流量平衡。

3. 认识端口聚合的限制

端口聚合需要满足以下条件。
- AP 成员端口的传输速率必须一致。
- AP 成员端口必须属于同一个 VLAN。
- AP 成员端口使用的传输介质应相同。
- AP 不能设置端口安全功能。
- AP 成员数量不能超过 8 个。

备注：一个端口加入 AP 后，其端口的属性将被 AP 的属性所取代。将端口从 AP 中删除后，端口的属性将恢复为其加入 AP 前的属性。

1.4.2 配置链路聚合技术

1. 创建链路聚合端口

```
Switch(config)#interface aggregateport n          ！创建聚合端口，n 为 AP 号
```

2. 将链路聚合端口加入 AP

```
Switch(config)#interface range {port-range}           ！进入需要聚合的物理端口
Switch(config-if-range)# port-group port-group-number ！将物理端口加入 AP
```

3. 将端口从链路聚合中删除

```
Switch(config-if-FastEthernet 0/1)#no port-group   ! 从 AP 中将该成员删除
```

4. 配置链路聚合端口流量平衡

```
Switch(config)#aggregateport load-balance dst-mac
                                        ! 按目的 MAC 地址实现流量平衡
Switch(config)#aggregateport load-balance src-mac
                                        ! 按源 MAC 地址实现流量平衡
Switch(config)#aggregateport load-balance src-dst-mac
                                ! 按源 MAC 地址和目的 MAC 地址实现流量平衡
Switch(config)#aggregateport load-balance dst-ip
                                        ! 按目的 IP 地址实现流量平衡
Switch(config)#aggregateport load-balance src-ip
                                        ! 按源 IP 地址实现流量平衡
Switch(config)#aggregateport load-balance ip
                                ! 按源 IP 地址和目的 IP 地址实现流量平衡
```

备注： 不同型号交换机支持的流量平衡算法可能会有所不同。

5. 查看端口聚合配置

```
Switch#show aggregateport port-number load-balance     ! 查看 AP 流量平衡
Switch#show aggregateport port-number summary           ! 查看 AP 概述信息
Switch#show interface aggregateport n                   ! 查看 AP 端口信息
```

【综合实训 4】配置交换机链路聚合，提升骨干链路带宽

网络场景

　　如图 1-4-2 所示为交换机链路聚合示意图，两台计算机分别连接在两个交换机上，为防止单链路故障而使用了双链路互连。使用端口上链路聚合技术且基于源 MAC 和目的 MAC 地址可以实现负载均衡。

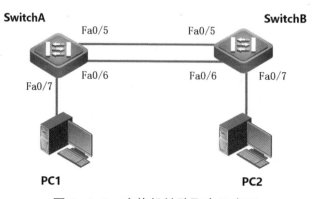

图 1-4-2　交换机链路聚合示意图

实施过程

1. 物理端口加入聚合组

● SwitchA 的配置如下。

```
Ruijie>                                  ! 用户模式
Ruijie>enable                            ! 进入特权模式
Ruijie# configure terminal               ! 进入全局配置模式
Ruijie(config)#hostname SwitchA          ! 将交换机名称修改为 SwitchA
SwitchA(config)#int range Fa 0/5-6
SwitchA(config-if-range)#port-group 1    ! 将端口加入 aggregateport 1
SwitchA(config-if-range)#exit
SwitchA(config)#interface ag1            ! 进入聚合端口配置模式
SwitchA(config-if)#switch mode trunk     ! 配置该聚合端口为主干道
SwitchA(config-if)#exit
```

● SwitchB 的配置如下。

```
Ruijie>enable
Ruijie#config terminal
Ruijie(config)#hostname SwitchB
SwitchB(config)#int ran Fa 0/5-6
SwitchB(config-if-range)#port-group 1
SwitchB(config-if-range)#exit
SwitchB(config)#interface ag1
SwitchB(config-if)#switch mode trunk
SwitchB(config-if)#exit
```

2. 配置端口聚合负载均衡

● SwitchA 的配置如下。

```
SwitchA(config)#aggregateport load-balance ?
  dst-ip              Destination IP address
  dst-mac             Destination MAC address
  help                Help information
  src-dst-ip          Source and destination IP address
  src-dst-ip-l4port   Source and destination IP address, source and
                      destination L4port
  src-dst-mac         Source and destination MAC address
  src-ip              Source IP address
  src-mac             Source MAC address
  src-port            Source port
SwitchA(config)#aggregateport load-balance src-dst-mac
SwitchA(config)#end
```

● SwitchB 的配置如下。

```
SwitchB(config)#aggregateport load-balance src-dst-mac
SwitchB(config)#end
```

3. 查看实际结果

```
Switch#show aggregateport 1 load-balance          ！查看 AP 流量平衡
......
Switch#show aggregateport 1 summary               ！查看 AP 概述信息
......
Switch#show interface aggregateport 1             ！查看 AP 端口信息
......
```

小贴士

限于实训环境和条件，用户也可以使用华为 eNSP 模拟器，完成上述实训操作，扫描下方二维码，阅读配套的实训过程文档。

综合实训 4

【认证测试】

以下选择题均为单选，请寻找正确的或最佳的答案。

1. 以下选项中，（　　　）不属于增加 VLAN 带来的好处。

   A. 交换机不需要再配置

   B. 机密数据可以得到保护

   C. 广播可以得到控制

   D. 网络中干扰减少，得到控制

2. 以太网技术使用的介质访问协议为（　　　）。

   A. CSMA/CA　　　　　　　　　B. Token-Bus

   C. CSMA/CD　　　　　　　　　D. Token-Ring

3. IEEE 802.1q 标准中定义的 VLAN 能支持的最大个数为（　　　）。

   A. 256　　　　B. 1024　　　　C. 2048　　　　D. 4094

4. 192.108.192.0 属于（　　　）IP 地址。

   A. A 类　　　　　　　　　　　B. B 类

   C. C 类　　　　　　　　　　　D. D 类

5. 交换机工作在 OSI 参考模型中的（　　）。

    A. 第一层　　B. 第二层　　　C. 第三层　　　D. 三层以上

6. IEEE 的（　　）标准定义了 RSTP。

    A. IEEE 802.3　　　　　　B. IEEE 802.1

    C. IEEE 802.1d　　　　　D. IEEE 802.1w

7. 交换机将端口设置为 TAG VLAN 模式的命令为（　　）。

    A. switchport mode tag　　　B. switchport mode trunk

    C. trunk on　　　　　　　　D. set port trunk on

8. OSI 参考模型从下至上排列顺序为（　　）。

    A. 应用层、表示层、会话层、传输层、网络层、数据链路层、物理层

    B. 物理层、数据链路层、网络层、传输层、会话层、表示层、应用层

    C. 应用层、表示层、会话层、网络层、传输层、数据链路层、物理层

    D. 物理层、数据链路层、传输层、网络层、会话层、表示层、应用层

9. ARP 的请求包是以（　　）形式传播的。

    A. 单播　　　B. 广播　　　C. 组播　　　D. 任播

10. 局域网的典型特性是（　　）。

    A. 高数据传输速率，大范围，高误码率

    B. 高数据传输速率，小范围，低误码率

    C. 低数据传输速率，小范围，低误码率

    D. 低数据传输速率，小范围，高误码率

11. 网桥处理的是（　　）。

    A. 脉冲信号　　　　　　B. MAC 帧

    C. IP 包　　　　　　　D. ATM 包

12. IEEE 制定实现 Tag VLAN 使用的是（　　）标准。

    A. IEEE 802.1w　　　　B. IEEE 802.3ad

    C. IEEE 802.1q　　　　D. IEEE 802.1x

13. VLAN 技术属于 OSI 参考模型中的（　　）。

    A. 第三层　　　　　　B. 第二层

    C. 第四层　　　　　　D. 第七层

14. 交换机中执行了开启生成树协议的命令后，生成树协议默认的模式为（　　）。

    A. STP　　　B. RSTP　　　C. MSTP　　　D. PVST

15. STP 交换机默认的优先级为（　　）。

    A. 0　　　B. 1　　　C. 32 767　　　D. 32 768

16. 以下对 IEEE 802.3ad 标准的说法中，正确的是（ 　　）。

　　A. 支持不等价链路聚合

　　B. 在 RG21 系列交换机上可以建立 8 个聚合端口

　　C. 聚合端口既有二层聚合端口，又有三层聚合端口

　　D. 聚合端口只适用于百兆位以上网络

17. RSTP 主链路出现故障，备份链路切换到正常工作的时间最快可达（ 　　）。

　　A. 小于 10 s　　B. 小于 20 s　　C. 小于 50 s　　D. 小于 1 s

18. OSI/RM 协议是由（ 　　）机构提出的。

　　A. IETF　　　　B. IEEE　　　　C. ISO　　　　D. INTERNET

19. 下列设备中，不具备网络层功能的是（ 　　）。

　　A. 二层交换机　　　　　　　B. 路由器

　　C. 网关　　　　　　　　　　D. 三层交换机

20. 下列属于正确配置在主机上的 IP 地址的是（ 　　）。

　　A. 127.169.4.1　　　　　　B. 224.0.0.9

　　C. 165.111.11.1　　　　　　D. 192.168.13.0

项目2

配置路由器设备，实现网络连通

　　一期建设完成的北京延庆某中心小学校园网如图 2-1-1 所示，涉及学生教学区的 30 多间多媒体教室、教师办公区的 10 多间办公室及网络中心等。该校园网采用三层架构部署，使用高性能的交换机连接网络，从而保障网络的稳定性，实现校园网数据的高速传输。

　　通过校园网的出口将路由器接入北京市普教城域网，需要通过路由技术实现全网的互联互通。

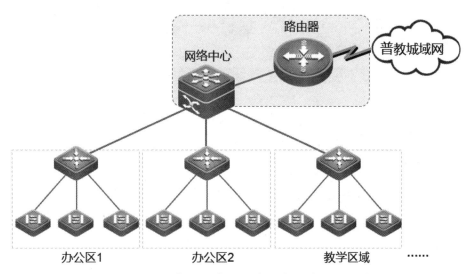

图 2-1-1　一期建设完成的北京延庆某中心小学校园网

本项目任务

- 任务 2.1　认识并配置路由器
- 任务 2.2　配置路由器的直连路由
- 任务 2.3　配置路由器的静态路由
- 任务 2.4　配置路由器的 RIP 动态路由

任务2.1 认识并配置路由器

2.1.1 认识路由器

1. 路由技术

路由（Route）是一种将信息从源地址通过网络传递到目的地址的行为，在这条路径上至少会遇到一个中间结点。路由发生在 OSI 参考模型的第三层（网络层），依据路由表进行转发。路由和路由表如图 2-1-2 所示。

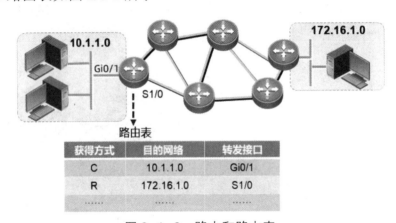

图 2-1-2　路由和路由表

路由包含两个基本动作：确定最佳路径和通过网络传输信息。通过网络传输信息也称为数据转发，数据转发相对来说比较简单，较为复杂的是确定最佳路径。

2. 认识路由器

路由器（Router）是连接各局域网、广域网的设备，其会根据链路的情况，依据学习生成的路由表信息自动选择和设定路由，并以最佳路径按前后顺序发送信号。下一代接入路由器锐捷 RG-RSR20 如图 2-1-3 所示。

图 2-1-3　下一代接入路由器锐捷 RG-RSR20

目前，路由器已经广泛应用于各行各业，各种不同档次的产品已成为实现各种骨干网之间互连，以及骨干网与 Internet 互连的主力军。

路由和交换之间的主要区别在于，交换发生在 OSI 参考模型的第二层，即数据链路层；而路由发生在 OSI 参考模型的第三层，即网络层。

这一区别决定了路由和交换在传输信息过程中需使用不同的控制信息，所以两者实现各自功能的方式是不同的。二层转发 MAC 地址表与三层转发路由表如图 2-1-4 所示。

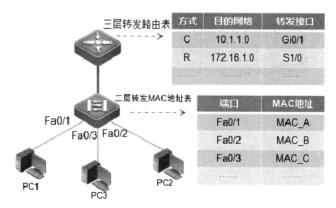

图 2-1-4　二层转发 MAC 地址表与三层转发路由表

路由器主要依据路由表完成工作，其两个工作过程如下。

（1）生成并维护路由表。

（2）按照路由表转发数据。

路由器和交换机相比，虽然路由器的以太网端口数量较少，但大部分路由器有多个扩展槽，可以扩展出多种类型的端口，这些端口多数用来连接广域网，路由器扩展槽如图 2-1-5 所示。

图 2-1-5　路由器扩展槽

3. 认识路由器端口

常见的路由器端口有局域网端口、广域网端口和配置端口，这 3 种端口适用于连接多种网络类型。

（1）局域网端口。

路由器的以太网 RJ45 端口如图 2-1-6 所示，该端口为局域网端口，采用双绞线作为传输介质。

图 2-1-6　路由器的以太网 RJ45 端口

（2）广域网端口。

广域网端口也称 WAN 端口，与广域网连接，常见广域网端口有以下类型。

● SC 端口：一种光纤端口，通过安装在路由器中的光纤模块接入广域网，如图 2-1-7 所示。

图 2-1-7　路由器中的光纤模块

● 高速同步串口（Serial）：通过连接高速同步串口接入广域网，如图 2-1-8 所示。

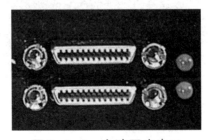

图 2-1-8　高速同步串口

● 异步串口（ASYNC）：与调制解调器（Modem）连接，通过电话网接入远程网络，如图 2-1-9 所示。

图 2-1-9　异步串口

（3）配置端口。

路由器的配置端口主要有 Console 端口和 AUX 端口，如图 2-1-10 所示。其中，Console 端口通过配置线缆连接到计算机串口，首次配置路由器时需要通过 Console 端口配置。AUX 端口为异步端口，与 Modem 连接，可以通过远程方式来配置路由器。

图 2-1-10　Console 端口和 AUX 端口

2.1.2　配置路由器基础知识

1. 路由器管理方式

路由器的管理方式主要有以下 5 种。

（1）通过带外方式对路由器进行管理。

（2）通过 Telnet 对路由器进行管理。

（3）通过 Web 对路由器进行管理。

（4）通过 SNMP 管理工作站对路由器进行管理。

（5）通过 Modem 对路由器进行管理。

前 4 种和交换机的管理方式基本一致，而最后一种方式是路由器特有的。

目前使用 AUX 端口管理路由器的场景较少，这里不做详细介绍。配置访问路由器方式如图 2-1-11 所示。

2. 路由器配置界面的模式

目前，锐捷的交换机产品和路由器产品基本都使用统一系统 RGOS 作为设备的操作系统，因此，除了 VLAN 模式等交换机特有的模式，其各种模式的意义和进入方式与交换机一样，此处不再介绍。

第一次配置路由器时，必须采用 Console 端口接入方式对路由器进行配置。由于这种配置方式是通过计算机的串口直接连接路由器的 Console 端口并对其进行配置的，不占用网络带宽，因此被称为带外管理，只能在本地配置。

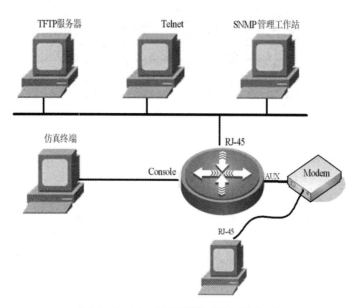

图 2-1-11　配置访问路由器方式

3. 路由器常用命令

除了交换机特有的配置，如虚拟局域网、生成树、链路聚合等，路由器和交换机的配置命令基本一样。需要注意的是，路由器可以直接在端口上配置 IP 地址。

配置路由器的命令行界面与配置交换机的命令行界面一致，这里不再赘述。路由器命令模式见表 2-1-1。

表 2-1-1　路由器命令模式

工 作 模 式		提 示 符	启 动 方 式
用户模式		Router>	开机自动进入
特权模式		Router #	Router >enable
配置模式	全局配置模式	Router (config)#	Router #configure terminal
	路由配置模式	Router (config-router)#	Router (router)#router rip
	端口配置模式	Router (config-if)#	Router (config)#interface Fa0/0
	线程配置模式	Router (config-line)#	Router (config)#line Console 0

（1）配置路由器命令行操作模式转换。

```
Router>enable                                    ! 进入特权模式
Router#
Router#configure terminal                        ! 进入全局配置模式
Router(config)#
Router(config)#interface Fastethernet 1/0        ! 打开 Fa1/0 端口配置模式
Router(config-if-FastEthernet 0/0)#              ! 进入路由器 F1/0 端口配置模式
Router(config-if-FastEthernet 0/0)#exit          ! 退回上一级操作模式
Router(config)#
Router(config-if)#end                            ! 直接退回特权模式
Router#
```

（2）配置路由器设备名称。

```
Router>enable
Router#configure terminal
Router(config)#hostname RouterA          ！将设备的名称修改为 RouterA
RouterA(config)#
```

（3）显示命令：用于显示某些特定需要的命令，以方便用户查看某些特定设置信息。

```
Router#show version                      ！查看版本及引导信息
......
Router#show running-config               ！查看运行配置文件
......
Router#show startup-config               ！查看保存的初始配置文件
......
Router#show interface type number        ！查看端口信息
......
Router#show ip route                     ！查看路由表信息
......
Router#write memory                      ！保存当前配置到内存中
Router#copy running-config startup-config
                          ！保存配置，将当前配置文件复制到初始配置文件
```

备注：配置文件包含两种类型，即当前正在运行的配置文件 running-config 和初始配置文件 startup-config。其中，running-config 文件保存在 RAM 中，关机后便丢失；startup-config 文件保存在 NVRAM 中，断电后文件不会丢失。在系统运行期间，可随时进入配置模式对 running-config 文件进行修改。

【综合实训 5】配置路由器

网络场景

　　如图 2-1-12 所示为路由器连接示意图，使用配置线缆将路由器的 Console 端口和计算机上的 COM 端口（或 USB 端口）进行连接。启动计算机超级终端程序或 CRT 超级终端程序，正确配置好参数，路由器成功引导后，进入初始配置界面。使用"enable"命令进入特权模式，再使用"configure terminal"命令进入全局配置模式，即可开始配置参数。

图 2-1-12　路由器连接示意图

　　备注：如果缺少路由器设备，也可以使用三层交换机设备替代。

实施过程

1. 路由器模式

```
Ruijie>                                    ! 普通用户模式
Ruijie>enable                              ! 进入特权模式
Ruijie#configure terminal                  ! 进入全局配置模式
Ruijie(config)#hostname Router             ! 将交换机名称修改为Router
```

2. 路由器配置端口 IP

```
Router(config)#int Fa 0/0                  ! 进入端口配置模式
Router(config-if-FastEthernet 0/0)#ip address 192.168.1.1 255.255.255.0
                                           ! 配置端口 IP 地址及子网掩码
Router(config-if-FastEthernet 0/0)#exit
```

3. 配置特权密码

```
rRouter(config)#enable secret ruijie       ! 配置特权密码
```

4. 配置远程登录方式

```
Router(config)#line vty 0 4                ! 启动线程工作模式, 累计 5 条
Router(config-line)#password  ruijie        ! 配置线程登录密码
Router(config-line)#login                  ! 载入线程配置模式
Router(config-line)#end
Router#
```

5. 查看操作

```
Router#show ip interface brief             ! 查看三层端口摘要信息
……
Router#show interface Fa 0/0               ! 查看端口状态
……
```

备注: 根据实训设备配置情况, 选择设备对应端口名称, 如 Fa0/1 或 Gi0/1。

6. 验证

使用网线将配置 IP 地址的路由器端口和配置计算机的网卡端口互连起来, 配置如图 2-1-13 所示的 IP 地址并通过远程登录路由器连接, 使用 "ping" 命令测试网络连通状况。

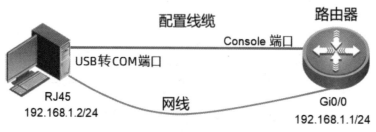

图 2-1-13 远程登录路由器连接

在计算机中右击"开始"按钮，在弹出的快捷菜单中单击"运行"命令，在打开的"运行"对话框中输入"cmd"，然后单击"确认"按钮或按回车键，在"命令提示符"窗口中输入"telnet 192.168.1.1"，如图 2-1-14 所示，再输入两级密码后即可登录到路由器中。

图 2-1-14　使用 telnet 命令远程登录路由器

小贴士

限于实训环境和条件，用户也可以使用华为 eNSP 模拟器，完成上述实训操作，扫描下方二维码，阅读配套的实训过程文档。

综合实训 5

任务 2.2 配置路由器的直连路由

2.2.1 路由表

路由是指网络中的数据的走向，路由算法是根据许多信息来计算并形成路由表的方法，路由信息记录在路由表中。路由表的主要内容是根据目的 IP 网段找出数据传输的下一跳 IP 地址，如图 2-2-1 所示。

```
Router#show ip route
Codes: C - connected, S - static, R - RIP, B - BGP
     D - DEIGRP, DEX - external DEIGRP, O - OSPF, OIA - OSPF inter area
     ON1 - OSPF NSSA external type 1, ON2 - OSPF NSSA external type 2
     OE1 - OSPF external type 1, OE2 - OSPF external type 2

C    1.1.1.0/24       is directly connected,  FastEthernet0/0
R    2.0.0.0/8        [120,1] via 1.1.1.1(on  FastEthernet0/0)

R    3.0.0.0/8        [120,1] via 1.1.1.1(on  FastEthernet0/0)

C    4.4.4.0/24       is directly connected,  Loopback0
```


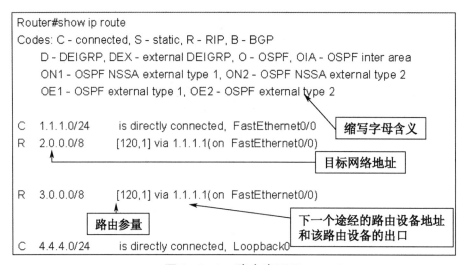

图 2-2-1　路由表图示

其中，目的/下一跳地址是告知路由器到达该目的地的最佳方式，是将 IP 分组发送至代表“下一跳”的路由器。

当路由器收到一个 IP 分组后，它会检查其目的 IP 地址，尝试将此 IP 地址与其“下一跳”相联系。

路由表由若干路由条目组成，如图 2-2-2 所示，路由条目有以下字段。

```
O  172.16.8.0  [110/20]  via 172.16.7.9, 00:00:23, Serial 1/0
```

图 2-2-2　路由条目

- 目的网段/子网掩码：表示这个条目对应的地址范围，如果 IP 报文的目的 IP 在这个范围内，则可能会匹配该条目，如 172.16.8.0。

- 下一跳 IP 地址：匹配该条目后，数据一般会发到这个 IP 地址对应的设备，如 172.16.7.9。
- 路由来源：获得路由方式，如 O。常见的路由来源见表 2-2-1。

表 2-2-1　常见的路由来源

协　　议	标　　识
直接路由	C
静态路由/默认路由	S（*）
OSPF	O、O IA、O E2、O E1、O N2、O N1
RTP	R

- 管理距离：如果有多条路由条目的网段及子网掩码都相同，此时会比较这个值，值小者优先。每个路由协议默认对应一个管理距离，如 110。常见的路由协议默认管理距离见表 2-2-2。

表 2-2-2　常见的路由协议默认管理距离

协　　议	管 理 距 离
直接路由	0
静态路由/默认路由	1
OSPF	110
RTP	120

- 度量值：当路由条目为同一个路由协议时，管理距离默认相同，如 20。此时会比较度量值，值小者优先。不同路由协议的度量值没有可比性。

路由器查看了数据包的目的 IP 地址后，确定如何转发该包，如果路由器不知道如何转发，则通常会将之丢弃。

如果路由器知道如何转发，就会把目的物理地址变成下一跳的物理地址并向之发送。下一跳可能就是最终的目的主机，如果不是，通常为另一个路由器，它将执行同样的步骤。

当分组在网络中流动时，它的物理地址在改变，但其 IP 地址始终不变。在查找路由表转发数据时，遵循最长掩码匹配原则。

2.2.2　认识直连路由

与交换机工作模式不同的是，路由器设备必须经过配置后才能开始工作，需要赋予路由器设备的初始配置，连接其网络端口地址，才能保证所连接网络正常通信。

路由器学习路由信息，以及生成并维护路由表的方法有以下几个。

- 直连路由：路由器端口所连接的子网的路由方式。

● 非直连路由：通过路由协议从其他路由器学到的路由。非直连路由分为静态路由和动态路由。

路由器各端口直接连接的子网，称为直连网络，如图 2-2-3 所示为直连路由和非直连路由示意图。直连网络之间使用路由器自动产生的直连路由实现通信。路由表中的直连路由信息在配置完路由器端口的 IP 地址后会自动生成。

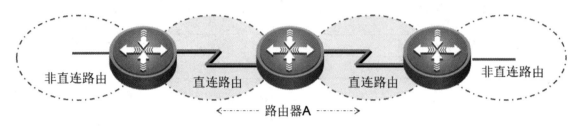

图 2-2-3　直连路由和非直连路由示意图

直连路由是由链路层协议实现的，一般是指去往路由器的端口地址所在网段的路径，该路径信息不需要网络管理员维护，也不需要路由器通过某种算法进行计算获得，只要该端口处于活动状态，路由器就会把通向该网段的路由信息存储在路由表中，直连路由无法使路由器获取与其不直接相连的路由信息。

直连路由产生的条件如下。

● 路由器端口配置 IP 地址与子网掩码。
● 路由器端口处于活动状态。

在实际网络中，同一路由器中的不同端口之间相互通信使用的就是直连路由。如果没有对路由器端口进行特殊限制，这些端口所直连的网络之间，在配置完地址后就可以直接通信。一般把这种在路由器端口直接连接子网，配置地址生成的路由方式称为直连路由。直连路由的基本功能就是实现邻居网络之间的互通。如图 2-2-4 所示为路由器端口所连接的直连网络。

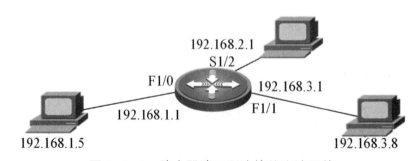

图 2-2-4　路由器端口所连接的直连网络

在直连网络场景中，路由器每个端口单独占用一个子网段地址，配置地址后（见表 2-2-3），将自动激活端口所在网段的直连路由，实现这些网段之间的连接。

表 2-2-3 路由器端口所连接的网络地址

接　　口	IP　地　址	目　的　网　段
Fa1/0	192.168.1.1	192.168.1.0
Se1/2	192.168.2.1	192.168.2.0
Fa1/1	192.168.3.1	192.168.3.0

需要通过配置线缆，将计算机与路由器连接，为所有端口配置所在网络的端口地址，配置方法如下。

```
Router#
Router#configure terminal                    ！进入全局配置模式
Router(config)#
Router(config)#interface Fastethernet 1/0  ！进入路由器 Fa1/0 端口配置模式
Router(config-if)#ip address 192.168.1.1 255.255.255.0  ！配置端口地址
Router(config-if)#no shutdown
Router(config)#interface Fastethernet 1/1  ！进入路由器 Fa1/1 端口配置模式
Router(config-if)#ip address 192.168.3.1 255.255.255.0  ！配置端口地址
Router(config-if)#no shutdown
Router(config)#interface Serial 1/2        ！进入路由器 Se1/2 端口配置模式
Router(config-if)#ip address 192.168.2.1 255.255.255.0  ！配置端口地址
Router(config-if)#no shutdown
Router(config-if)#end                       ！直接退回特权模式
Router#
```

通过上述配置后，端口将被激活，并自动产生直连路由，192.168.1.0 网段被映射在端口 Fa1/0 上，192.168.2.0 网段被映射在端口 Se1/2 上，192.168.3.0 网段被映射在端口 Fa1/1 上。

备注 1： 根据实训设备配置情况，选择设备对应端口名称，如 Fa1/0 或 Gi0/1。如果缺少 Serial 1/2 串口，可以使用以太网端口代替。

备注 2： 如果实训缺少路由器，使用三层交换机观察直连路由，使用"no switch"命令切换到三层端口配置模式。

备注 3： 由于路由器版本的问题，提示信息有"Router(config-if) #"或"Router (config-if-fastethernet 1/0) #"两种方式，其表达的含义相同。

备注 4： 如果使用锐捷模拟器开展实训，锐捷模拟器上路由器的三层端口也需要使用"no switch"命令，切换到三层端口配置模式，然后才可以配置 IP 地址。

【综合实训6】配置直连路由，实现部门网络连通

网络场景

如图 2-2-5 所示，路由器 Fa0/1 端口和 Fa0/2 端口分别连接两个不同子网中的计算机。其中，PC1 的 IP 地址为 192.168.1.1/24，PC2 的 IP 地址为 192.168.2.2/24，路由器的 Fa0/1 端口的 IP 地址为 192.168.1.2/24，Fa0/2 端口的 IP 地址为 192.168.2.1/24。现要求实现两个子网中的计算机能相互通信。

备注： 根据实训设备配置情况，选择设备对应端口名称，如 Fa1/0 或 Gi0/1 。

图 2-2-5　直连路由网络

实施过程

1. 配置 Router 端口的 IP 地址

```
Ruijie>enable                                    ! 进入特权模式
Ruijie# configure terminal                       ! 进入全局配置模式
Ruijie(config)#hostname Router
Router(config)#int Fa 0/1                         ! 打开端口配置模式的省略写法
Router(config-if-FastEthernet 0/1)#ip address 192.168.1.2 255.255.255.0
Router(config-if-FastEthernet 0/1)#exit
Router(config)#int Fa 0/2
Router(config-if-FastEthernet 0/2)#ip address 192.168.2.1 255.255.255.0
Router(config-if-FastEthernet 0/2)#end
Router#
```

2. 计算机配置网关

在 PC1 上配置 IP 地址、子网掩码及默认网关，如图 2-2-6 所示。在 PC2 上配置 IP 地址、子网掩码及默认网关，如图 2-2-7 所示。

3. 验证

PC1 和 PC2 能互相 Ping 通。查看路由表，如图 2-2-8 所示。

```
Router#show ip route
```

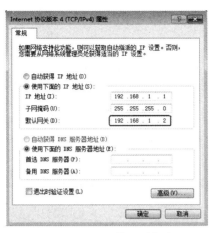

图 2-2-6　PC1 的 IP 地址配置

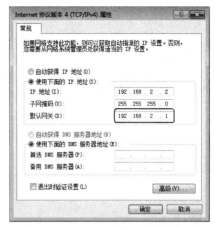

图 2-2-7　PC2 的 IP 地址配置

图 2-2-8　查看路由表

小贴士

　　限于实训环境和条件，用户也可以使用华为 eNSP 模拟器，完成上述实训操作，扫描下方二维码，阅读配套的实训过程文档。

综合实训 6

配置路由器的静态路由

2.3.1 静态路由

1. 概述

（1）静态路由。

静态路由是指由网络管理员手动配置的路由信息。当网络的拓扑结构或链路的状态发生变化时，网络管理员需要手工修改路由表中相关的静态路由信息。

静态路由信息在默认情况下是私有的，不会传递给其他的路由器。当然，网络管理员也可以通过对路由器进行设置使之成为共享路由器。

静态路由一般适用于比较简单的网络环境，在这样的环境中，网络管理员易于清楚地了解网络的拓扑结构，便于设置正确的路由信息。

（2）静态路由的特点。

静态路由除了具有简单、高效、可靠的优点，它的另一个好处是网络安全保密性高。路由器之间频繁地交换各自的路由表，由于对路由表的分析可以揭示网络的拓扑结构和网络地址等信息，因此存在一定的危险性，但静态路由不存在这样的问题，故出于安全方面的考虑也可以采用静态路由。

大型和复杂的网络环境通常不宜采用静态路由。一方面，网络管理员难以全面地了解整个网络的拓扑结构；另一方面，当网络的拓扑结构和链路状态发生变化时，路由器中的静态路由信息需要大范围地调整，这一工作的难度较大，复杂程度较高。

静态路由信息不会传递给其他路由器。静态路由的优点如下。

- 节省资源，设备间无须发送路由报文。
- 安全性高，设备默认不会把自身的静态路由传递给其他设备。
- 在小型网络中配置简单，易于维护。

静态路由的缺点如下。

- 在大型网络中配置复杂。
- 无法自动感知拓扑变化。

2. 配置方法

静态路由的基本配置就是告诉路由器，如果数据要到 A 网段，就把数据给该网段 IP

地址对应的设备即可。静态路由的一般配置步骤如下。

（1）为每条链路确定地址（包括子网地址和网络地址）。

（2）为每台路由器标识非直连的链路地址。

（3）为每台路由器写出非直连地址到达的路由语句。

配置静态路由的命令如下。

```
Ruijie(config)#ip route network-id netmask next-hop-ip
```

备注 1： 有时也可将下一跳 IP 换成输出端口。

备注 2： 对于多个静态路由在下一跳 IP 相同，且目的网段可以汇总的情况下，可以使用汇总的静态路由简化网络的配置。

2.3.2　默认路由

1. 默认路由

默认路由是一种特殊的静态路由，简单地说，默认路由就是将静态路由的目的网段和子网掩码均配置为 0，表示任意的网络。这表示无论数据包的目的 IP 是什么，都会将数据发送到下一跳 IP 对应的设备。按照最长掩码匹配原则，默认路由是最后一步才匹配的。

2. 默认路由的特点

默认路由通常表示在当前路由表中，没有与数据包的目的地址相匹配的路由表项时，路由器能够根据默认路由做出选择。如果没有默认路由，那么目的地址在路由表中没有匹配表项的 IP 数据包将被丢弃。默认路由在某些时候会大大简化路由器的配置，减轻网络管理员的工作负担，提高网络性能。

默认路由是指路由表中未直接列出目的网络的路由选择项，它用于在不明确的情况下指示数据包下一跳的方向。如果路由器配置了默认路由，则所有未明确指明目的网络的数据包，都按照使用默认路由进行转发。

3. 默认路由适用场景

默认路由的使用条件非常苛刻，一般只使用在 stub 网络（也称末端网络或存根网络）中，stub 网络是只有 1 条出口路径的网络，如图 2-3-1 所示，使用默认路由来发送那些目的网络没有包含在路由表中的数据包。

简单来说，默认路由就是在没有找到匹配的路由表入口项时才使用的路由，即只有当没有合适的路由时，默认路由才被使用。在路由表中，默认路由可以以任意网络 0.0.0.0 #0.0.0.0（子网掩码为 0.0.0.0）的路由形式出现。

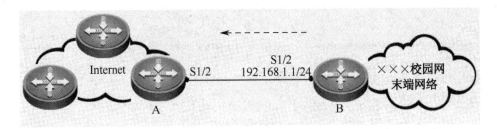

图 2-3-1　默认路由适用场景

默认情况下，在路由表中直连路由优先级最高，静态路由优先级其次，动态路由优先级再次，默认路由优先级最低。如果没有默认路由，那么目的地址在路由表中没有匹配表项的数据包将被丢弃。

4. 配置默认路由

默认路由可以看作是静态路由的一种特殊情况。默认路由一般应用在单出口的网络，如校园网中只有一个 Internet 出口时。

此时，无论是访问哪个运营商的服务器，都只能从该出口发送数据。因此可以在出口路由器上部署默认路由。默认路由命令如下。

```
Ruijie(config)#ip route 0.0.0.0 0.0.0.0 next-hop-ip
```

在 PC 上，网络中的用户一般除了配置 IP 地址及子网掩码，在跨网段访问时还需要配置默认网关，如图 2-3-2 所示。所谓网关，一般是指一个与 PC 的 IP 地址在同一网段的 IP 地址，表示当这台 PC 向其他网段发送数据时，只需将数据发给网关对应的设备即可，网络中的用户可以得知网关就是默认路由的下一跳。

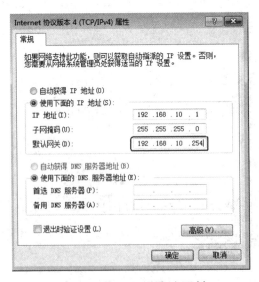

图 2-3-2　配置默认网关

二层交换机上也可以配置网关。二层交换机上的网关不是为下连用户上网提供服务的，而是为二层交换机跨网段通信提供服务的。

二层交换机配置网关的命令如下。

```
Switch(config)#ip default-gateway gateway
```

【综合实训7】配置静态路由和默认路由

网络场景

如图 2-3-3 所示为静态路由网络拓扑，PC1 连接到 Router1 的 Fa0/0 端口，Router1 的 Fa0/1 端口连接到 Router2 的 Fa0/0 端口，Router2 的 Fa0/1 端口连接到 Router3 的 Fa0/0 端口，Router3 的 Fa0/1 端口连接到 PC2。PC1 的 IP 地址为 192.168.1.1/24，网关为 192.168.1.2。

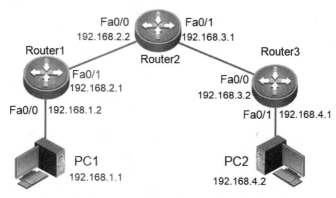

图 2-3-3　静态路由网络拓扑

Router1 的 Fa0/0 端口的 IP 地址为 192.168.1.2/24，Fa0/1 端口的 IP 地址为 192.168.2.1/24；Router2 的 Fa0/0 端口的 IP 地址为 192.168.2.2/24，Fa0/1 端口的 IP 地址为 192.168.3.1/24；Router3 的 Fa0/0 端口的 IP 地址为 192.168.3.2/24，Fa0/1 端口的 IP 地址为 192.168.4.1/24；PC2 的 IP 地址为 192.168.4.2/24。

需要通过配置静态路由来完成 PC1 和 PC2 的通信。

备注1：若限于实训条件，缺少路由器，也可以使用三层交换机完成本实训。

备注2：根据实训设备配置情况，选择设备对应端口名称完成配置，如 Fa0/1 或 Gi0/1。

实施过程

1. 配置端口 IP 地址

● Router1 的配置如下。

```
Ruijie(config)#hostname Router1
Router1(config)#int Fa 0/0          !打开路由器端口的省略写法
Router1(config-if-FastEthernet 0/0)#ip address 192.168.1.2 255.255.255.0
Router1(config-if-FastEthernet 0/0)#exit
Router1(config)#int Fa 0/1
```

```
Router1(config-if-FastEthernet 0/1)#ip address 192.168.2.1 255.255.255.0
Router1(config-if-FastEthernet 0/1)#exit
```

- Router2 的配置如下。

```
Ruijie(config)#hostname Router2
Router2(config)#int Fa 0/0
Router2(config-if-FastEthernet 0/0)#ip address 192.168.2.2 255.255.255.0
Router2(config-if-FastEthernet 0/0)#exit
Router2(config)#int Fa 0/1
Router2(config-if-FastEthernet 0/1)#ip address 192.168.3.1 255.255.255.0
Router2(config-if-FastEthernet 0/1)#exit
```

- Router3 的配置如下。

```
Ruijie(config)#hostname Router3
Router3(config)#int Fa 0/0
Router3(config-if-FastEthernet 0/0)#ip address 192.168.3.2 255.255.255.0
Router3(config-if-FastEthernet 0/0)#exit
Router3(config)#int Fa 0/1
Router3(config-if-FastEthernet 0/1)#ip address 192.168.4.1 255.255.255.0
Router3(config-if-FastEthernet 0/1)#exit
```

2. 配置静态路由

- Router1 的配置如下。

```
Router1(config)#ip route 192.168.4.0 255.255.255.0 192.168.2.2
Router1(config)#ip route 192.168.3.0 255.255.255.0 192.168.2.2
```

- Router2 的配置如下。

```
Router2(config)#ip route 192.168.4.0 255.255.255.0 192.168.3.2
Router2(config)#ip route 192.168.1.0 255.255.255.0 192.168.2.1
```

- Router3 的配置如下。

```
Router3(config)#ip route 192.168.1.0 255.255.255.0 192.168.3.1
Router3(config)#ip route 192.168.2.0 255.255.255.0 192.168.3.1
```

备注：配置静态路由需要双向考虑。

3. PC1 和 PC2 的配置

为 PC1 和 PC2 配置 IP 地址、子网掩码和网关信息（限于篇幅，此处省略相关步骤）。

4. 验证

PC1 和 PC2 可以相互 Ping 通。查看路由表，如图 2-3-4 所示。

```
Router#show ip route
```

```
Codes: C - connected, S - static, R - RIP, B - BGP
       O - OSPF, IA - OSPF inter area
       N1 - OSPF NSSA external type 1, N2 - OSPF NSSA external type 2
       E1 - OSPF external type 1, E2 - OSPF external type 2
       i - IS-IS, su - IS-IS summary, L1 - IS-IS level-1, L2 - IS-IS level-2
       ia - IS-IS inter area, * - candidate default

Gateway of last resort is no set
C    192.168.1.0/24 is directly connected, FastEthernet 0/0
C    192.168.1.2/32 is local host.
C    192.168.2.0/24 is directly connected, FastEthernet 0/1
C    192.168.2.1/32 is local host.
S    192.168.4.0/24 [1/0] via 192.168.2.2
```

图 2-3-4　静态路由示例

5. 使用默认路由实现网络通信（可选）

为了实现 PC1 和 PC2 的通信，也可以在边缘网络的路由器上配置默认路由，实现网络连通，如图 2-3-5 所示为生成的位于末尾默认路由条目，最后转发任意数据。

```
router1#show ip route

Codes:  C - connected, S - static, R - RIP, B - BGP
        O - OSPF, IA - OSPF inter area
        N1 - OSPF NSSA external type 1, N2 - OSPF NSSA external type 2
        E1 - OSPF external type 1, E2 - OSPF external type 2
        i - IS-IS, su - IS-IS summary, L1 - IS-IS level-1, L2 - IS-IS level-2
        ia - IS-IS inter area, * - candidate default

Gateway of last resort is no set
C    192.168.1.0/24 is directly connected, FastEthernet 0/0
C    192.168.1.2/32 is local host.
C    192.168.2.0/24 is directly connected, FastEthernet 0/1
C    192.168.2.1/32 is local host.
S*   0.0.0.0/0 [1/0] via 192.168.2.2
```

图 2-3-5　默认路由示例

- Router1 的配置如下。

```
Router1(config)#ip route 0.0.0.0 0.0.0.0 192.168.2.2
```

- Router3 的配置如下。

```
Router3(config)#ip route 0.0.0.0 0.0.0.0 192.168.3.1
```

小贴士

限于实训环境和条件，用户也可以使用华为 eNSP 模拟器，完成上述实训操作，扫描下方二维码，阅读配套的实训过程文档。

综合实训 7

2.4.1 动态路由原理

1. 概述

动态路由是指路由器之间依据动态路由协议，能够自动建立自己的路由表，并且能够根据实际情况的变化实时进行路由表中的信息调整。动态路由机制的运作依赖路由器的两个基本功能：对路由表的维护，以及路由器之间实时进行路由信息交换。路由器之间的路由信息交换是基于路由协议实现的。

动态路由表项是通过相互连接的路由器之间交换彼此的信息，然后按照一定的算法计算出来的，而这些路由信息在一定时间内不断更新，以适应不断变化的网络，并随时获得最优的寻路效果。动态路由复杂场景如图 2-4-1 所示。

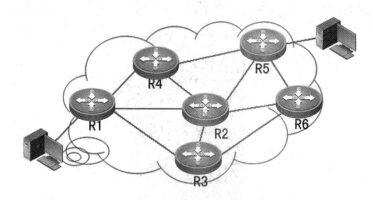

图 2-4-1 动态路由复杂场景

路由器之间交换路由信息的最终目的是通过路由表找到一条数据交换的"最佳"传输路径。每种路由算法都有其衡量"最佳"传输路径的一套原则。

大多数算法使用一个量化的参数来衡量路径的优劣，一般来说，参数值越小，路径越好。该参数通过路径的某一特性计算，也可以在综合多个特性的基础上进行计算。

几个比较常用的特征如下：路径所包含的路由器结点数、网络传输开销、带宽、延迟、负载、可靠性和最大传输单元（Maximum Transmission Unit，MTU）。

2. 分类

（1）从运行的范围方面，路由可分为以下两类。

- 内部网关协议（IGP），用来在同一个自治系统内部交换路由信息。典型的内部网关协议有 OSPF、RIP 等。
- 外部网关协议（EGP），用来在不同的自治系统间交换路由信息。典型的外部网关协议有 BGP 等。

（2）从协议的算法方面，路由可分为以下两类。

- 距离矢量协议，每台路由器在路由信息上都依赖于自己的相邻路由器，而它的相邻路由器又在它们自己的相邻路由器中学习路由的。典型的距离矢量协议有 RIP 等。
- 链路状态协议，运行链路状态协议的路由器把路由分成区域，收集区域的所有路由器的链路状态信息，根据状态信息生成网络拓扑结构，每个路由器再根据拓扑结构计算出路由。典型的链路状态协议有 OSPF 等。

2.4.2 RIP 协议

1. RIP 协议概述

路由信息协议（Routing Information Protocol，RIP）是一种古老的基于距离矢量算法的路由协议，通过计算到达目的地的最少跳数来选取最佳路径。

RIP 协议的跳数最多为 15 跳，当超过这个数字时，RIP 协议会认为目的地不可达，如图 2-4-2 所示。此外，单纯的以跳数（hop）作为选路的依据，不能充分描述路径特征，可能导致所选的路径不是最优的。因此，RIP 协议只适用于中小型的网络。

16台

图 2-4-2　RIP 不支持 16 跳网络

RIP 是一种内部网关协议，在内部网络上使用。它可以通过不断交换路由信息，让路由器动态地适应网络连接的变化，这些信息包括每个路由器可以到达哪些网络，这些网络有多远等。RIP 属于应用层协议，并使用 UDP 作为传输协议，其端口号为 520。

需要注意的是，RIP 协议可能产生环路，因此 RIP 协议有许多防环机制，但仍无法保证其绝对无环。

RIP 协议具有以下特点。

- 路由信息每经过一个路由器，跳数加 1。
- 跳数最小即为最优路由，跳数相同则负载均衡。
- 最多支持的跳数为 15，跳数 16 表示不可达。

- 周期性路由更新，路由会更新为完整的路由表。
- 使用多个时钟以保证路由条目的有效性与及时性。

2. RIP 协议的工作原理

RIP 协议使用距离矢量来决定最佳路径，具体来说，它是通过路由跳数来衡量的。路由器每 30 s 相互发送广播信息。收到广播信息的每个路由器增加一个跳数。如果广播信息是经过多个路由器后收到的，那么到这个路由器最短跳数的路径是被选中的路径。如果首选的路径不能正常工作，那么其他具有次短跳数的路径（备份路径）将被启用。

RIP 协议基本工作有以下几步。

（1）运行 RIP 协议的路由器，默认每 30 s 广播完整的路由表到相邻的 RIP 路由器中。

（2）相邻路由器学习接收完整路由表。

（3）经过 180 s 没有收到更新路由就将路由跳数标识为不可达，经过 240 s 还没有收到更新路由就将路由条目删除。

RIP 工作过程如图 2-4-3 所示。

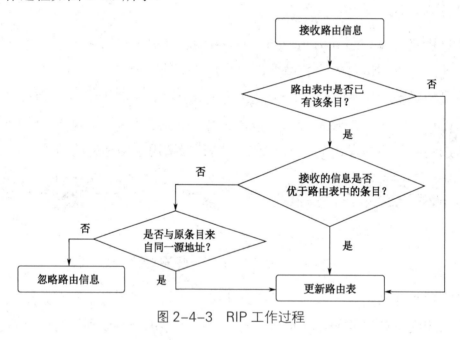

图 2-4-3　RIP 工作过程

3. RIP 的版本

RIP 主要有 v1 和 v2 两个版本，其主要区别如下。

- RIPv1 使用广播方式发送路由更新，RIPv2 使用组播方式发送路由更新。
- RIPv1 路由更新信息中不携带子网掩码，RIPv2 路由更新信息中携带子网掩码。
- RIPv1 不支持认证，RIPv2 支持认证。

4. RIP 的路由更新

在默认情况下，路由器每隔 30 s 向与其相连的网络广播自己的路由表，接到广播的路由器将收到的信息添加至自身的路由表中。每个路由器都如此广播，最终网络上所有的路由器都会得知全部的路由信息。

在正常情况下，每 30 s 路由器就可以收到一次路由信息确认，如果经过 180 s，即 6 个更新周期，一个路由项还没有得到确认，则路由器就认为它已失效。如果经过 240 s，即 8 个更新周期，路由项仍没有得到确认，它会被路由器从路由表中删除。RIP 路由器 A 发送路由更新如图 2-4-4 所示。

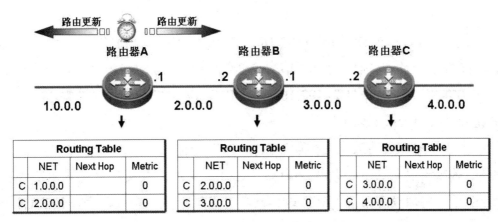

图 2-4-4 RIP 路由器 A 发送路由更新

上面的 30 s、180 s 和 240 s 的延时都是由计时器控制的，它们分别是更新计时器（Update Timer）、无效计时器（Invalid Timer）和刷新计时器（Flush Timer）。

5. RIP 的配置命令

```
Router(config)#router rip                      ！ 创建路由进程
Router(config-router)#version {1 | 2}          ！ 指定版本，默认发送 v1 更新包
Router(config-router)#no auto-summary          ！ 关闭自动汇总功能，默认是开启的
Router(config-router)#network network-number   ！ 通告直连网段
```

备注：RIP 协议只向直连网络所属端口通告路由信息。

【综合实训 8】配置 RIP 路由协议

网络场景

如图 2-4-5 所示为 RIPv2 路由组网拓扑示意图，连接多个不同的子网场景。其中，PC1 连接到 Router1 的 Fa0/0 端口，Router1 的 Fa0/1 端口连接到 Router2 的 Fa0/0 端口，Router2

的 Fa0/1 端口连接到 Router3 的 Fa0/0 端口，Router3 的 Fa0/1 端口连接到 PC2。PC1 的 IP 地址为 192.168.1.1/24，网关为 192.168.1.2。

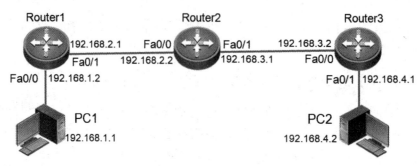

图 2-4-5　RIPv2 路由组网拓扑示意图

Router1 的 Fa0/0 端口的 IP 地址为 192.168.1.2/24，Fa0/1 端口的 IP 地址为 192.168.2.1/24；Router2 的 Fa0/0 端口的 IP 地址为 192.168.2.2/24，Fa0/1 端口的 IP 地址为 192.168.3.1/24；Router3 的 Fa0/0 端口的 IP 地址为 192.168.3.2/24，Fa0/1 端口的 IP 地址为 192.168.4.1/24；PC2 的 IP 地址为 192.168.4.2/24。

需要通过配置 RIPv2 动态路由实现 PC1 和 PC2 通信。

备注 1：若限于实训条件，缺少路由器，也可以使用三层交换机完成本实训。

备注 2：根据实训设备配置情况，选择设备对应端口名称完成配置，如 Fa0/1 或 Gi0/1。

实施过程

1. 配置端口 IP 地址

● Router1 的配置如下。

```
Ruijie#config terminal
Ruijie(config)#hostname Router1
Router1(config)#int Fa 0/0
Router1(config-if-FastEthernet 0/0)#ip address 192.168.1.2 255.255.255.0
Router1(config-if-FastEthernet 0/0)#exit
Router1(config)#int Fa 0/1
Router1(config-if-FastEthernet 0/1)#ip address 192.168.2.1 255.255.255.0
Router1(config-if-FastEthernet 0/1)#exit
Router1(config)#
```

● Router2 的配置如下。

```
Ruijie#config terminal
Ruijie(config)#hostname Router2
Router2(config)#int Fa 0/0
Router2(config-if-FastEthernet 0/0)#ip address 192.168.2.2 255.255.255.0
Router2(config-if-FastEthernet 0/0)#exit
Router2(config)#int Fa 0/1
Router2(config-if-FastEthernet 0/1)#ip address 192.168.3.1 255.255.255.0
```

```
Router2(config-if-FastEthernet 0/1)#exit
Router2(config)#
```

- Router3 的配置如下。

```
Ruijie#configure terminal
Ruijie(config)#hostname Router3
Router3(config)#int Fa 0/0
Router3(config-if-FastEthernet 0/0)#ip address 192.168.3.2 255.255.255.0
Router3(config-if-FastEthernet 0/0)#exit
Router3(config)#int Fa 0/1
Router3(config-if-FastEthernet 0/1)#ip address 192.168.4.1 255.255.255.0
Router3(config-if-FastEthernet 0/1)#exit
Router3(config)#
```

2. 配置 RIP 协议

- Router1 的配置如下。

```
Router1(config)#router rip                    ！配置 RIP 进程
Router1(config-router)#version 2              ！指定 RIPv2 版本
Router1(config-router)#no auto-summary        ！不自动汇总
Router1(config-router)#network 192.168.1.0    ！通告直连端口
Router1(config-router)#network 192.168.2.0    ！通告直连端口
Router1(config-router)#exit
Router1(config)#
```

- Router2 的配置如下。

```
Router2(config)#router rip
Router2(config-router)#version 2
Router2(config-router)#no auto-summary
Router2(config-router)#network 192.168.2.0
Router2(config-router)#network 192.168.3.0
Router2(config-router)#exit
Router2(config)#
```

- Router3 的配置如下。

```
Router3(config)#router rip
Router3(config-router)#version 2
Router3(config-router)#no auto-summary
Router3(config-router)#network 192.168.3.0
Router3(config-router)#network 192.168.4.0
Router3(config-router)#exit
```

3. PC1 和 PC2 的配置

为 PC1 和 PC2 配置 IP 地址和网关。

4. 验证

PC1 和 PC2 可以相互 Ping 通。此时，可查看路由表信息。

小贴士

限于实训环境和条件，用户也可以使用华为 eNSP 模拟器，完成上述实训操作，扫描下方二维码，阅读配套的实训过程文档。

综合实训 8

【认证测试】

以下选择题均为单选，请寻找正确的或者最佳的答案。

1. IP、Telnet、UDP 分别是 OSI 参考模型的（　　）层协议。

    A. 一、二、三　　　　　　　　B. 三、四、五

    C. 四、五、六　　　　　　　　D. 三、七、四

2. 在路由中，通过配置管理距离来衡量一个路由可信度的等级，通过定义管理距离来区别不同（　　）来源。

    A. 拓扑信息　　　　　　　　B. 路由信息

    C. 网络结构信息　　　　　　D. 数据交换信息

3. 静态路由协议的默认管理距离与 RIP 路由协议的默认管理距离分别为（　　）。

    A. 1，140　　　B. 1，120　　　C. 2，140　　　D. 2，120

4. RIP 的最大跳数是（　　）。

    A. 24　　　　B. 18　　　　C. 15　　　　D. 12

5. 当 RIP 向相邻的路由器发送更新时，它使用（　　）秒为更新计时的时间值。

    A. 30　　　　B. 20　　　　C. 15　　　　D. 25

6. 下列选项中，属于配置 RIP 版本 2 的是（　　）。

    A. ip rip send v1　　　　　　B. ip rip send v2

    C. ip rip send version 2　　　D. version　2

7. RIP 的管理距离（Administrative Distance）是（　　）。

    A. 90　　　　B. 100　　　　C. 110　　　　D. 120

8. 如果将一个新的办公子网加入原来的网络中，需要手动配置 IP 路由表，即需要输入（　　）命令。

    A. Ip route   B. Route ip

    C. Show ip route   D. Show route

9. 当一台路由器收到一个 TTL 值为 1 的数据包时，其处理方式为（　　）。

    A. 丢弃   B. 转发

    C. 将数据包返回   D. 不处理

10. IPv6 是下一代互联网的地址，它的长度为（　　）。

    A. 128 bits   B. 32 bits   C. 64 bits   D. 48 bits

11. 若子网掩码为 255.255.255.128，主机地址为 195.16.15.14，则在该子网掩码下最多可以容纳（　　）个主机。

    A. 254   B. 126   C. 62   D. 30

12. 下列端口中，不可以配置 Trunk 的是（　　）。

    A. 10 Mbit/s 链路   B. 100 Mbit/s 链路

    C. 1000 Mbit/s 链路   D. 10 Gbit/s 链路

13. 下列说法正确的是（　　）。

    A. RIPv2 路由协议支持关闭自动汇总

    B. RIP 协议不产生路由环路

    C. RIPv1 支持 VLSM

    D. RIPv2 发送更新信息到 255.255.255.255

14. RIP 协议在传输层对应的端口号为（　　）。

    A. 502   B. 520   C. 521   D. 512

15. 默认路由是（　　）。

    A. 一种静态路由

    B. 路由表无转发信息的数据包在此进行转发

    C. 最后求助的网关

    D. 以上都是

16. 路由协议的最根本特征是（　　）。

    A. 向不同网络转发数据

    B. 向同一个网络转发数据

    C. 向网络边缘转发数据

17. 配置静态路由时，经过怎样的配置会在路由表中出现 [1/0] 的信息（　　）。

    A. 下一跳地址指向本地端口

B. 直连路由中自动出现

C. 默认路由下一跳地址指向本地端口

D. 下一跳地址指向转发路由器 IP 地址

18. 交换机硬件组成部分不包括（　　　）。

A. Flash　　　　　　　　　　B. NVRAM

C. RAM　　　　　　　　　　D. ROM

E. Interface

19. 下列地址中，属于 D 类地址的是（　　　）。

A. 192.168.1.1　　　　　　　B. 202.99.1.1

C. 221.0.0.9　　　　　　　　D. 224.0.0.5

20. 191.108.192.1 属于（　　　）IP 地址。

A. A 类　　　B. B 类　　　C. C 类　　　D. D 类

项目3

配置三层交换机，实现网络连通

一期建设完成的北京延庆某中心小学校园网如图 3-1-1 所示，包括学生教学区的 30 多间多媒体教室、教师办公区的 10 多间办公室及网络中心等。该校园网采用三层架构部署，使用高性能的交换机连接网络，用来保障网络的稳定性，实现校园网数据的高速传输。

校园网内部采用全交换的架构部署网络，通过配置三层交换机，实现该中心小学校园网的互联互通。

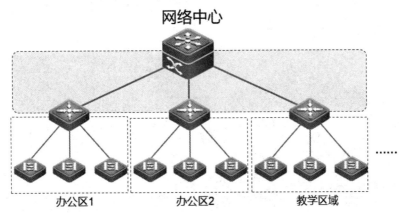

图 3-1-1　一期建设完成的北京延庆某中心小学校园网

本项目任务

◎　任务 3.1　配置三层交换机
◎　任务 3.2　配置三层交换机路由
◎　任务 3.3　配置三层交换机 DHCP 服务

任务 3.1 配置三层交换机

3.1.1 认识三层交换机

1. 三层交换技术

三层交换机，即具备部分路由器功能的交换机，其最重要的目的是加快大型局域网内部的数据交换，所具备的路由功能也是为这个目的服务的，能够做到一次路由，多次转发。对于数据包转发等规律性的过程由硬件实现，而像路由信息更新、路由表维护、路由计算、路由确定等功能由软件实现。

三层交换技术实际上是由二层交换技术加上三层转发技术实现的技术，如图 3-1-2 所示。传统交换技术是在 OSI 参考模型的数据链路层进行操作的，而三层交换技术是在 OSI 模型中的网络层实现数据包的高速转发的。三层交换技术既可实现网络路由功能，又可根据不同的网络状况达到最优的网络性能。

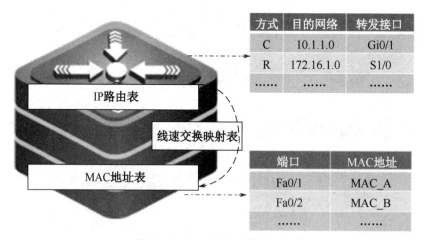

图 3-1-2 三层交换技术

2. 认识三层交换机设备

如图 3-1-3 所示为锐捷 RG-S5760E 系列交换机，三层交换机和二层交换机的物理形态非常类似，名称以"2"开头的交换机属于二层交换机，如 RG-S2628G-E；名称以"3"以上的数字开头的交换机，则包含了三层交换机的功能。

图 3-1-3　锐捷 RG-S5760E 系列交换机

随着路由技术的发展，无论二层交换机还是三层交换机都有路由表，区别在于三层交换机具有丰富的路由表信息，而二层交换机只有简单的静态路由和直连路由信息。

通常情况下，三层交换机可以完成二层交换机的大多数功能，如配置虚拟局域网、生成树、链路聚合等。同时，也可以实现路由器的大多数功能，如配置静态路由协议和大部分动态路由协议。

在校园网中，核心交换机和汇聚交换机一般使用三层交换机。

3.1.2　配置虚拟局域网的 SVI 技术

1. 开启三层交换机端口上的路由功能

三层交换机具有三层路由功能，可以同时创建多个 IP 地址，但交换机端口默认是二层端口，所以无法直接在端口上配置 IP 地址。

如果需要对三层交换机端口配置 IP 地址，常用的方法有以下两种。

（1）使用路由端口。

（2）使用 SVI 端口。

路由端口方式是指将三层交换机的二层端口转变为三层端口，这样即可为端口配置 IP 地址，命令如下。

```
Ruijie(config)#interface interface-id              ！ 进入端口
Ruijie(config-if-FastEthernet 0/1)#no switchport   ！ 将端口配置成路由口
Ruijie(config-if-FastEthernet 0/1)#ip address ip-address netmask
                                   ！ 配置 IP 地址和子网掩码
```

需要注意的是，路由端口为三层端口，不能将其配置为 ACCESS 或 TRUNK 类型的端口。

2. 在三层交换机上创建 SVI 端口

SVI 端口是指交换机 VLAN 对应的端口，该端口可以配置 IP 地址，可将 VLAN 与物理端口关联，命令如下。

```
Ruijie(config)#vlan vlan-id                  ！ 创建 VLAN
Ruijie(config)#int vlan vlan-id              ！ 创建 SVI
Ruijie(config-if-FastEthernet 0/1)#ip address ip-address netmask
                                   ！ 为 SVI 配置 IP 地址及子网掩码
```

需要说明的是，在交换机上配置 SVI，可以将交换机的多个 ACCESS 端口加入该 VLAN 中，此时这些端口都可以使用该 IP 地址。

在校园网中，一般情况下会在汇聚交换机上通过 SVI 方式配置 IP 地址，充当用户和接入层交换机的网关，而在汇聚交换机与核心交换机互连时，常使用路由端口的方式配置 IP 地址，这样可以防止广播风暴等问题。

3.1.3 配置虚拟局域网单臂路由技术

在交换机上创建的不同 VLAN 的用户无法直接通信，如果需要通信，则需要借助三层设备。其中，最常见的方式有以下两种。

（1）使用三层交换机。在三层交换机上配置 IP 地址，这些 IP 地址可以作为用户网关，通过直连路由进行通信，最常用的方法是通过 SVI 创建 IP 地址。

（2）使用路由器。路由器一般通过单臂路由的方式进行通信。

单臂路由技术是虚拟局域网发展早期，使用路由器来解决不同的 VLAN 之间通信的临时技术。单臂路由技术是在路由器的物理端口上创建多个子端口，不同的子端口用于转发不同 VLAN 标签的数据帧，从而实现不同 VLAN 之间的通信。

如图 3-1-4 所示为单臂路由示意图，交换机上配置了 VLAN 10、VLAN 20、VLAN 30 三个 VLAN，每个 VLAN 包含多个用户。

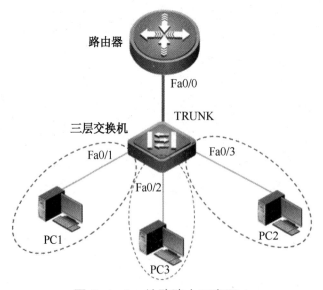

图 3-1-4 单臂路由示意图 1

一般而言，每个 VLAN 对应一个网段，如果要让不同 VLAN 中的用户进行通信，可以把交换机的级联端口配置成 TRUNK，在路由器的 Fa0/0 端口上配置子端口。

如图 3-1-5 所示为单臂路由示意图，可将路由器的 Fa0/0 端口逻辑地划分成三个端口，称为子端口。

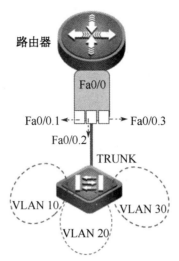

图 3-1-5　单臂路由示意图 2

每个子端口和交换机 VLAN 对应，并为每个子端口配置 IP 地址，这些 IP 地址可以充当用户网关，用户通过直连路由进行通信。

配置命令如下。

```
Router(config)#interface type slot-number/interface-number.subinterface-
number                                          ! 进入子端口
Router(config-subif)#encapsulation dot1Q VlanID   ! 封装 dot1Q
Router(config-subif)#ip address ip-address mask   ! 配置 IP 地址及子网掩码
```

【综合实训 9】配置交换机 SVI 技术

网络场景

如图 3-1-6 所示为 SVI 网络示意图，某学校教学楼汇聚交换机下有一台接入交换机，接入交换机 S2628G-I 的 Fa0/1 和 Fa0/2 端口分别接入 PC1 和 PC2 两个用户，PC3 和 PC4 连接在汇聚交换机 S5750-28GT-L 的 Gi0/2 和 Gi0/3 端口。接入交换机的 Gi0/25 端口连接到汇聚交换机的 Gi0/1 端口。

楼内有两个部门，出于安全方面的考虑需要把不同部门用户接到不同的 VLAN 中。目前，PC1 和 PC3 在 VLAN 10 中，PC2 和 PC4 在 VLAN 20 中。PC1 的 IP 地址为 192.168.10.1/24，PC2 的 IP 地址为 192.168.20.1/24，PC3 的 IP 地址为 192.168.10.2/24，PC4 的 IP 地址为 192.168.20.2/24。现要求两个部门可以通信。

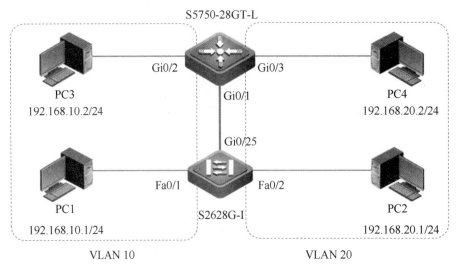

图 3-1-6 SVI 网络示意图

实施过程

1. 划分 VLAN 信息

● S5750-28GT-L 的配置如下。

```
Ruijie#config terminal
Ruijie(config)#hostname huiju                        ! 将交换机命名为 huiju（汇聚）
huiju(config)#vlan 10
huiju(config-vlan)#exit
huiju(config)#vlan 20
huiju(config-vlan)#exit
huiju(config)#int Gi 0/1
huiju(config-if-GigabitEthernet 0/1)#switchport mode trunk
                                             ! 将 Gi0/1 端口配置为 TRUNK
huiju(config-if-GigabitEthernet 0/1)#switch trunk all vlan remove 1-9,
11-19,21-4094                                ! 为 Gi0/1 端口进行 VLAN 修剪
huiju(config-if-GigabitEthernet 0/1)#exit
huiju(config)#int Gi 0/2
huiju(config-if-GigabitEthernet 0/2)#switchport access vlan 10
huiju(config-if-GigabitEthernet 0/2)#exit
huiju(config)#int Gi 0/3
huiju(config-if-GigabitEthernet 0/3)#switchport access vlan 20
huiju(config-if-GigabitEthernet 0/3)#exit
```

备注 1： 接入交换机上配置多个 VLAN，接入交换机和汇聚交换机使用 TRUNK 互连。

备注 2： 根据实训设备配置情况，选择设备对应端口名称，如 Fa0/1 或 Gi0/1。

● S2628G-I 的配置如下。

```
Ruijie#config terminal
Ruijie(config)#hostname jieru                 ! 将交换机命名为 jieru（接入）
jieru(config)#vlan 10
jieru(config-vlan)#exit
jieru(config)#vlan 20
```

```
jieru(config-vlan)#exit
jieru(config)#int Fa 0/1
jieru(config-if-FastEthernet 0/1)#switchport access vlan 10
jieru(config-if-FastEthernet 0/1)#exit
jieru(config)#int Fa 0/2
jieru(config-if-FastEthernet 0/2)#switchport access vlan 20
jieru(config-if-FastEthernet 0/2)#exit
jieru(config)#int Gi 0/25
jieru(config-if-GigabitEthernet 0/25)#switchport mode trunk
jieru(config-if-GigabitEthernet 0/25)#switch trunk all vlan remove 1-9,
11-19,21-4094                                    ! 为 Gi0/25 端口进行 VLAN 修剪
jieru(config-if-GigabitEthernet 0/25)#exit
```

2. 为 PC 配置 IP 地址及网关

PC1：IP 地址为 192.168.10.1/24，网关为 192.168.10.254。

PC2：IP 地址为 192.168.20.1/24，网关为 192.168.20.254。

PC3：IP 地址为 192.168.10.2/24，网关为 192.168.10.254。

PC4：IP 地址为 192.168.20.2/24，网关为 192.168.20.254。

备注：此时无论网关是否配置，PC1 和 PC3 都可以通信，PC2 和 PC4 也都可以通信，PC1 和 PC2 虽连接同一个交换机，但因隶属于不同 VLAN 而无法相互通信，同理 PC3 和 PC4 也无法相互通信。

3. 在三层交换机配置 SVI 实现不同 VLAN 通信

```
huiju(config)#int vlan 10
huiju(config-if-VLAN 10)#ip address 192.168.10.254 255.255.255.0
                                         ! 该 SVI 充当 VLAN 10 用户的网关
huiju(config-if-VLAN 10)#exit
huiju(config)#int vlan 20
huiju(config-if-VLAN 20)#ip address 192.168.20.254 255.255.255.0
                                         ! 该 SVI 充当 VLAN 20 用户的网关
huiju(config-if-VLAN 20)#exit
```

备注：创建 SVI 要先创建 VLAN，若不创建 VLAN 则无法创建 SVI。三层交换机可配置多个 SVI。

4. 验证

（1）使用不同 PC 相互 Ping，此时 PC1、PC2、PC3、PC4 之间都可以互通。

（2）查看三层交换机的 SVI 地址信息，如图 3-1-7 所示。

Interface	IP-Address(Pri)	OK?	Status
VLAN 10	192.168.10.254/24	YES	UP
VLAN 20	192.168.20.254/24	YES	UP

图 3-1-7　SVI 地址信息

查看三层端口信息，命令如下。

```
huiju#show ip interface brief    !    查看三层端口信息
```

输入以下命令，查看端口状态信息，如图 3-1-8 和图 3-1-9 所示。

```
huiju#show interface vlan 10
```

huiju#show int vlan 10	huiju#show int vlan 20
Index(dec):4106 (hex):100a	Index(dec):4116 (hex):1014
VLAN 10 is UP , line protocol is UP	VLAN 20 is UP , line protocol is UP
Hardware is VLAN, address is 1414.4b5d.875e (bia 1414.4b5d.875e)	Hardware is VLAN, address is 1414.4b5d.875e (bia 1414.4b5d.875e)
Interface address is: 192.168.10.254/24	Interface address is: 192.168.20.254/24

图 3-1-8　查看 VLAN 10 端口状态信息　　　图 3-1-9　查看 VLAN 20 端口状态信息

备注：使用 SVI 时要注意端口状态必须为 UP，否则无法正常使用。三层交换机不同 SVI 的 IP 地址不在同一个网段，锐捷三层交换机通过虚拟技术使得不同 SVI 的 MAC 地址相同。

小贴士

限于实训环境和条件，用户也可以使用华为 eNSP 模拟器，完成上述实训操作，扫描下方二维码，阅读配套的实训过程文档。

综合实训 9

【综合实训 10】配置单臂路由

网络场景

如图 3-1-10 所示为单臂路由示意图，PC1、PC2、PC3 连接在二层交换机下，由于这三台计算机属于不同部门，因此将它们划分到不同 VLAN 中，其中 PC1 在 VLAN 10 中，PC2 在 VLAN 20 中，PC3 在 VLAN 30 中。现要求这三台 PC 可以相互通信，由于网络中缺少三层交换机，因此临时在网络中部署了一台路由器，路由器的 Fa0/0 端口连接到二层交换机的 Gi0/25 端口。

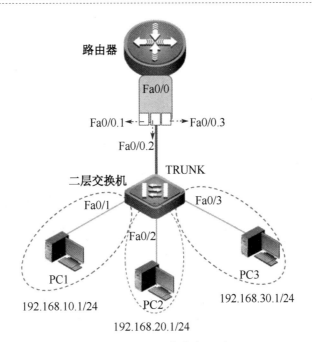

图 3-1-10　单臂路由示意图

实施过程

1. 配置 PC 的 IP 地址和网关

PC1 的 IP 地址为 192.168.10.1/24，网关为 192.168.10.254。

PC2 的 IP 地址为 192.168.20.1/24，网关为 192.168.20.254。

PC3 的 IP 地址为 192.168.30.1/24，网关为 192.168.30.254。

2. 配置二层交换机 VLAN 信息

```
Ruijie#config terminal
Ruijie(config)#hostname Switch
Switch(config)#vlan 10
Switch(config-vlan)#exit
Switch(config)#vlan 20
Switch(config-vlan)#exit
Switch(config)#vlan 30
Switch(config-vlan)#exit
Switch(config)#int Fa 0/1
Switch(config-if-FastEthernet 0/1)#switchport access vlan 10
Switch(config-if-FastEthernet 0/1)#exit
Switch(config)#int Fa 0/2
Switch(config-if-FastEthernet 0/2)#switchport access vlan 20
Switch(config-if-FastEthernet 0/2)#exit
Switch(config)#int Fa 0/3
Switch(config-if-FastEthernet 0/3)#switchport access vlan 30
Switch(config-if-FastEthernet 0/3)#exit
Switch(config)#
```

备注 1： 此时无论 PC 是否配置网关，不同 VLAN 之间都无法正常通信。

备注 2： 根据实训设备配置情况，选择设备对应端口名称，如 Fa0/1 或 Gi0/1。

3. 配置三层信息

● Switch 的配置如下。

```
Switch(config)#int Gi 0/25
Switch(config-if-GigabitEthernet 0/25)#switchport mode trunk
Switch(config-if-GigabitEthernet 0/25)#exit
Switch(config)#
```

备注： 由于三个 VLAN 都需要通过这个端口连接到路由器，因此要将该端口配置为 TRUNK。

● Router 的配置如下。

```
Ruijie>
Ruijie>enable
Ruijie#config terminal
Ruijie(config)#hostname Router
Router(config)#int Fa 0/0.1                    ! 进入 Fa0/0 对应的子端口
Router(config-subif)#encapsulation dot1q 10    ! 子端口封装干道关联 VLAN
Router(config-subif)#ip address 192.168.10.254 255.255.255.0
                                               ! 子端口配置 IP 地址及子网掩码
Router(config-subif)#exit
Router(config)#int Fa 0/0.2                    ! 进入 Fa0/0 对应的子端口
Router(config-subif)#encapsulation dot1q 20    ! 子端口封装干道关联 VLAN
Router(config-subif)#ip address 192.168.20.254 255.255.255.0
Router(config-subif)#exit
Router(config)#int Fa 0/0.3                    ! 进入 Fa0/0 对应的子端口
Router(config-subif)#encapsulation dot1q 30    ! 子端口封装干道关联 VLAN
Router(config-subif)#ip address 192.168.30.254 255.255.255.0
Router(config-subif)#exit
Router(config)#
```

备注： 配置子端口时一般先保证主端口下没有配置 IP 地址。在创建子端口时无须按顺序从小到大创建。

不同子端口要保证对应不同的 dot1q，以给每个子端口下配置的 IP 地址充当用户网关。不同子端口的 IP 地址不在同一网段。

4. 验证

（1）PC1、PC2、PC3 之间可以相互 Ping 通。

（2）查看路由器信息。

查看路由器的路由表信息，如图 3-1-11 所示。

```
Router#show ip route
```

Gateway of last resort is no set

C   192.168.10.0/24 is directly connected, FastEthernet 0/0.1

C   192.168.10.254/32 is local host.

C   192.168.20.0/24 is directly connected, FastEthernet 0/0.2

C   192.168.20.254/32 is local host.

C   192.168.30.0/24 is directly connected, FastEthernet 0/0.3

C   192.168.30.254/32 is local host.

图 3-1-11　路由器的路由表信息

查看路由器三层端口信息，如图 3-1-12 所示。

`Router#show ip interface brief`　　! 查看路由器三层端口信息

备注：主端口下没有 IP 地址。

```
Interface              IP-Address(Pri)    IP-Address(Sec)   Status   Protocol
FastEthernet 0/0.3     192.168.30.254/24  no address        up       up
FastEthernet 0/0.2     192.168.20.254/24  no address        up       up
FastEthernet 0/0.1     192.168.10.254/24  no address        up       up
FastEthernet 0/0       no address         no address        up       down
FastEthernet 0/1       no address         no address        up       down
FastEthernet 0/2       no address         no address        up       down
```

图 3-1-12　路由器三层端口信息

查看路由器子端口信息，如图 3-1-13 和图 3-1-14 所示。

`Router#show interface interface-id`

备注：Fa0/0 子端口的 MAC 地址与自身相同。

router#show int f0/0

Index(dec):1 (hex):1

FastEthernet 0/0 is UP　, line protocol is UP

Hardware is MPC8248 FCC FAST ETHERNET CONTROLLER FastEthernet, address is 1414.4b67.f97c (bia 1414.4b67.f97c)

Interface address is: no ip address

图 3-1-13　Fa0/0 主端口的信息

router#show interface f 0/0.1

ifindex(dec):5 (hex):5

FastEthernet 0/0.1 is UP　, line protocol is UP

Hareware is MPC8248 FCC FAST ETHERNET CONTROLLER FastEthernet, address is 1414.4b67.f97c (bia 1414.4b67.f97c)

Interface address is: 192.168.10.254/24

图 3-1-14　Fa0/0.1 子端口的信息

小贴士

限于实训环境和条件，用户也可以使用华为 eNSP 模拟器，完成上述实训操作，扫描右方二维码，阅读配套的实训过程文档。

综合实训 10

配置三层交换机路由

3.2.1 配置三层交换机直连路由技术

1. 概述

三层交换机的直连路由技术与路由器的直连路由技术类似，但三层交换机可以通过路由端口和SVI端口两种方式配置直连路由，而路由器不能使用SVI端口方式。

如图3-2-1所示为三层交换机直连子网示意图，三层交换机通过启用SVI端口，配置IP地址后，在路由表中直连路由对应的出端口为SVI端口。

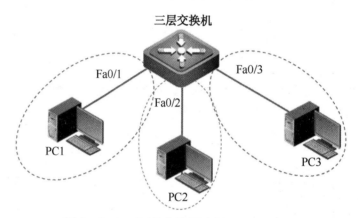

图3-2-1　三层交换机直连子网示意图

此时，如果数据需要从该端口发出，则需要通过SVI找到对应的物理端口。如果交换机多个端口都属于该VLAN，则需要查询MAC地址表找到该物理端口，将数据从该端口发出。对于路由器来说，其不同端口对应不同网段，可以通过路由表直接发送数据。

如图3-2-2所示，在三层交换机上使用"show ip route"命令查询路由表信息。

```
Codes:  C - connected, S - static, R - RIP B - BGP
        O - OSPF, IA - OSPF inter area
        N1 - OSPF NSSA external type 1, N2 - OSPF NSSA external type 2
        E1 - OSPF external type 1, E2 - OSPF external type 2
        i - IS-IS, L1 - IS-IS level-1, L2 - IS-IS level-2, ia - IS-IS inter area
        * - candidate default
Gateway of last resort is no set
C   192.168.10.0/24 is directly connected, VLAN 10
C   192.168.10.1/32 is local host.
C   192.168.20.0/24 is directly connected, VLAN 20
C   192.168.20.1/32 is local host.
C   192.168.30.0/24 is directly connected, VLAN 30
C   192.168.30.1/32 is local host.
```

图3-2-2　路由表信息

三层交换机SVI对应的直连路由生效的前提如下。

- SVI配置了有效的IP地址。

● SVI 端口 UP。SVI 端口 UP 的条件是 VLAN 中至少包含一个 UP 物理端口。

2. 三层交换机互连方式

如图 3-2-3 所示，三层交换机常见端口的互连方式如下。

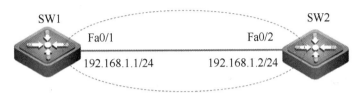

图 3-2-3 端口的互连方式

● SW1 的 Fa0/1 为路由端口，SW2 的 Fa0/2 为路由端口。

● SW1 使用 SVI，Fa0/1 为 ACCESS 端口；SW2 使用 SVI，Fa0/2 为 ACCESS 端口。

● SW1 使用 SVI，Fa0/1 为 TRUNK 端口；SW2 使用 SVI，Fa0/2 为 TRUNK 端口。

其余情况不再详细介绍。

在校园网中，汇聚交换机上配置 SVI 充当用户的网关。同一个汇聚交换机下的不同接入交换机上的用户使用三层交换机的直连路由进行通信。汇聚交换机连接核心的端口及核心交换机上的端口一般建议配置成路由端口。

3.2.2 配置三层交换机静态路由技术

三层交换机中静态路由的配置方法与路由器一致，具体命令语法如下。

`Switch(config)#ip route` *目的网段 掩码 下一跳IP/出端口*

需要注意的是，配置时如果使用出端口的方式，则应使用三层端口。

也就是说，出端口应当写为路由口或 SVI 端口，而不能写为 ACCESS 或 TRUNK 等交换机二层端口。

如图 3-2-4 所示为三层交换机静态路由示意图，SW2 有到 192.168.5.0/24 的路由，如果 SW1 要发数据到 192.168.5.0/24，则需要将数据发送给 SW2。

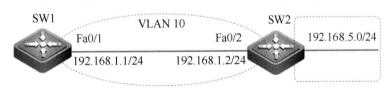

图 3-2-4 三层交换机静态路由示意图

此时，SW1 上配置静态路由为 "ip route 192.168.5.0 255.255.255.0 192.168.1.2"，可以使用 "ip route 192.168.5.0 255.255.255.0 vlan 10" 命令，但出端口不能使用 Fa0/1 端口。

如果三层交换机使用 SVI 配置地址，则数据转发时，查到路由表出端口为 SVI 端口，会查询 MAC 地址表并通过下一跳 MAC 找到 SVI 对应的物理端口。

3.2.3　配置三层交换机 RIP 动态路由技术

三层交换机上配置动态路由的方法与路由器一样，当使用三层交换机配置 IP 地址时，如果将该 SVI 对应的网段通告出去，则 RIP 协议报文会从相应 SVI 对应的所有物理端口发送。若要修改端口的参数，一般在 SVI 上进行修改。

需要说明的是，如果三层交换机使用 SVI 配置 IP 地址，则路由表中下一跳为 SVI 端口。配置 RIP 的命令如下。

```
Switch(config)# router rip                    ! 创建路由进程
switch(config-router)# version {1 | 2}        ! 指定版本，默认发送 v1 更新包
Switch(config-router)# no auto-summary        ! 关闭自动汇总功能，默认是开启的
Switch(config-router)# network network-number ! 通告直连网段
```

【综合实训 11】配置三层交换机直连路由

网络场景

如图 3-2-5 所示，两台交换机相互连接，互连端口为 Gi0/1。要令两台交换机相互通信，需要配置互连地址，交换机 SW1 的 IP 地址为 192.168.1.1/24，交换机 SW2 的 IP 地址为 192.168.1.2/24。需要根据以下情况将互连地址配置在交换机上。

三层交换机可以使用 "no switchport" 命令配置 IP 地址，也可以使用 SVI 地址，而在使用 VLAN 端口的地址时，交换机端口可以为 ACCESS 或 TRUNK 两种方式。因此设备互连也有多种方式。

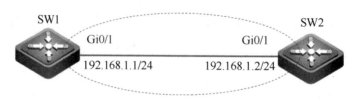

图 3-2-5　交换机直连路由

实施过程

方式一：SW1 的 Gi0/1 端口使用 "no switchport" 命令激活三层端口，SW2 的 Gi0/1 端口使用 "no switchport" 命令激活三层端口。

1. 配置地址

● SW1 的配置如下。

```
Ruijie#config terminal
Ruijie(config)#hostname SW1
SW1(config)#int Gi 0/1
SW1(config-if-GigabitEthernet 0/1)#no switchport        ！将端口设为路由端口
SW1(config-if-GigabitEthernet 0/1)#ip address 192.168.1.1 255.255.255.0
                                               ！为端口配置 IP 地址
SW1(config-if-GigabitEthernet 0/1)#end
```

● SW2 的配置如下。

```
Ruijie#config terminal
Ruijie(config)#hostname SW2
SW2(config)#int Gi 0/1
SW2(config-if-GigabitEthernet 0/1)#no switchport
SW2(config-if-GigabitEthernet 0/1)#ip address 192.168.1.2 255.255.255.0
SW2(config-if-GigabitEthernet 0/1)#end
```

备注： 根据实训设备配置情况，选择设备对应端口名称，如 Fa0/1 或 Gi0/1。

2. 验证

（1）SW1 和 SW2 可以相互 Ping 通。

（2）查看路由表，如图 3-2-6 所示。

```
SW1#show ip route
```

Gateway of last resort is no set

C   192.168.1.0/24 is directly connected, GigabitEthernet 0/1

C   192.168.1.1/32 is local host.

图 3-2-6　SW1 的路由表

（3）查看三层端口信息，如图 3-2-7 所示。

```
SW1#show ip int brief     ！查看三层端口信息
```

方式二：SW1 的 Gi0/1 端口使用 ACCESS 端口模式，在 Interface VLAN 10 的 SVI 端口上配置 IP 地址；SW2 的 Gi0/1 端口使用 ACCESS 端口模式，在 Interface VLAN 10 的 SVI 端口上配置 IP 地址。

Interface	IP-Address(Pri)	OK?	Status
GigabitEthernet 0/1	192.168.1.1/24	YES	UP

图 3-2-7　SW1 的三层端口信息

1. 配置地址

● SW1 的配置如下。

```
Ruijie#config terminal
```

```
Ruijie(config)#hostname SW1
SW1(config)#vlan 10                                ! 创建 VLAN 10
SW1(config-vlan)#int vlan 10                       ! 创建 VLAN 10 对应的 SVI
SW1(config-if-VLAN 10)#ip address 192.168.1.1 255.255.255.0
                                                   ! 配置 IP 地址
SW1(config-if-VLAN 10)#exit
SW1(config)#int Gi 0/1
SW1(config-if-GigabitEthernet 0/1)#switchport access vlan 10
                                                   ! 物理端口和 VLAN 关联
SW1(config-if-GigabitEthernet 0/1)#end
```

● SW2 的配置如下。

```
Ruijie#config terminal
Ruijie(config)#hostname SW2
SW2(config)#vlan 10                                ! 创建 VLAN 10
SW2(config-vlan)#int vlan 10                       ! 创建 VLAN 10 对应的 SVI
SW2(config-if-VLAN 10)#ip address 192.168.1.2 255.255.255.0
                                                   ! 配置 IP 地址
SW2(config-if-VLAN 10)#exit
SW2(config)#int Gi 0/1
SW2(config-if-GigabitEthernet 0/1)#switchport access vlan 10
                                                   ! 物理端口和 VLAN 关联
SW2(config-if-GigabitEthernet 0/1)#end
```

2. 验证

（1）SW1 和 SW2 可以相互 Ping 通。

（2）查看路由表，如图 3-2-8 所示。

```
SW1#show ip route
```

```
Gateway of last resort is no set

C    192.168.1.0/24  is directly connected, VLAN 10

C    192.168.1.1/32  is local host.
```

图 3-2-8　SW1 的路由表

（3）查看三层端口信息，如图 3-2-9 所示。

```
SW1#show ip int brief    ! 查看三层端口信息
```

Interface	IP-Address(Pri)	OK?	Status
VLAN 10	192.168.1.1/24	YES	UP

图 3-2-9　SW1 的三层端口信息

方式三：SW1 的 Gi0/1 使用 TRUNK 端口在 Interface VLAN 10 上配置 IP 地址，SW2 的 Gi0/1 使用 TRUNK 端口在 Interface VLAN 10 上配置 IP 地址。

1. 配置地址

● SW1 的配置如下。

```
Ruijie#config terminal
Ruijie(config)#hostname SW1
SW1(config)#vlan 10
SW1(config-vlan)#exit
SW1(config)#int vlan 10
SW1(config-if-VLAN 10)#ip address 192.168.1.1 255.255.255.0
SW1(config-if-VLAN 10)#exit
SW1(config)#int Gi 0/1
SW1(config-if-GigabitEthernet 0/1)#switchport mode trunk
SW1(config-if-GigabitEthernet 0/1)#end
```

● SW2 的配置如下。

```
Ruijie#config terminal
Ruijie(config)#hostname SW2
SW2(config)#vlan 10
SW2(config-vlan)#exit
SW2(config)#int vlan 10
SW2(config-if-VLAN 10)#ip address 192.168.1.2 255.255.255.0
SW2(config-if-VLAN 10)#exit
SW2(config)#int Gi 0/1
SW2(config-if-GigabitEthernet 0/1)#switchport mode trunk
SW2(config-if-GigabitEthernet 0/1)#end
```

2. 验证

（1）SW1 和 SW2 可以相互 Ping 通。

（2）查看路由表，如图 3-2-10 所示。

```
SW1#show ip route
```

Gateway of last resort is no set

C   192.168.1.0/24 is directly connected, VLAN 10

C   192.168.1.1/32 is local host.

图 3-2-10　SW1 的路由表

（3）查看三层端口信息，如图 3-2-11 所示。

```
SW1#show ip int brief    ! 查看三层端口信息
```

Interface	IP-Address(Pri)	OK?	Status
VLAN 10	192.168.1.1/24	YES	UP

图 3-2-11　SW1 的三层端口信息

从上述过程可以看出，使用 "no switchport" 命令时，路由表中直连路由的出口是物理端口，地址对应的端口也是物理端口；而使用 SVI 方式时，路由表中直连路由的出口是 SVI 端口而非物理端口，地址对应的端口也是 SVI 端口。

小贴士

限于实训环境和条件，用户也可以使用华为 eNSP 模拟器，完成上述实训操作，扫描下方二维码，阅读配套的实训过程文档。

综合实训 11

【综合实训 12】配置三层交换机静态路由

网络场景

如图 3-2-12 所示为静态路由示意图，SW1 和 SW2 为三层交换机，PC1 和 PC2 分别连接在 SW1 和 SW2 上，SW1 的 Gi0/1 端口与 PC1 相连，SW1 的 Gi0/2 端口和 SW2 的 Gi0/1 端口相连，SW2 的 Gi0/2 端口与 PC2 相连。PC1 的 IP 地址为 192.168.1.1/24，PC2 的 IP 地址为 192.168.3.2/24。通过配置静态路由使得 PC1 和 PC2 能互相通信。

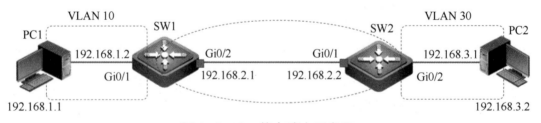

图 3-2-12　静态路由示意图

实施过程

1. 配置 PC 地址和网关

PC1 的 IP 地址为 192.168.1.1/24，网关为 192.168.1.2。
PC2 的 IP 地址为 192.168.3.2/24，网关为 192.168.3.1。

2. 配置交换机地址

● SW1 的配置如下。

```
Ruijie#config terminal
Ruijie(config)#hostname SW1
SW1(config)#vlan 10
SW1(config-vlan)#int vlan 10
SW1(config-if-VLAN 10)#ip address 192.168.1.2 255.255.255.0
SW1(config-if-VLAN 10)#exit
SW1(config)#int Gi 0/1
SW1(config-if-GigabitEthernet 0/1)#switchport access vlan 10
SW1(config-if-GigabitEthernet 0/1)#exit
SW1(config)#int Gi 0/2
SW1(config-if-GigabitEthernet 0/2)#no switch
SW1(config-if-GigabitEthernet 0/2)#ip address 192.168.2.1 255.255.255.0
SW1(config-if-GigabitEthernet 0/2)#exit
SW1(config)#show ip route      ! 查看路由表
```

● SW2 的配置如下。

```
Ruijie#config terminal
Ruijie(config)#hostname SW2
SW2(config)#vlan 30
SW2(config-vlan)#int vlan 30
SW2(config-if-VLAN 10)#ip address 192.168.3.1 255.255.255.0
SW2(config-if-VLAN 10)#exit
SW2(config)#int Gi 0/1
SW2(config-if-GigabitEthernet 0/1)#no switch
SW2(config-if-GigabitEthernet 0/1)#ip address 192.168.2.2 255.255.255.0
SW2(config-if-GigabitEthernet 0/1)#exit
SW2(config)#int Gi 0/2
SW2(config-if-GigabitEthernet 0/2)#switchport access vlan 30
SW2(config-if-GigabitEthernet 0/2)#exit
SW2(config)#show ip route      ! 查看路由表
```

3. 配置静态路由

● SW1 的配置如下。

```
SW1(config)#ip route 192.168.3.0 255.255.255.0 192.168.2.2
```

● SW2 的配置如下。

```
SW2(config)#ip route 192.168.1.0 255.255.255.0 192.168.2.1
```

4. 验证

（1）两台计算机可以相互 Ping 通。

（2）查看路由表，如图 3-2-13 所示。

```
SW1#show ip route
```

```
Gateway of last resort is no set
C    192.168.1.0/24 is directly connected, VLAN 10
C    192.168.1.2/32 is local host.
C    192.168.2.0/24 is directly connected, GigabitEthernet 0/2
C    192.168.2.1/32 is local host.
S    192.168.3.0/24 [1/0] via 192.168.2.2
```

图 3-2-13　SW1 的路由表

小贴士

限于实训环境和条件，用户也可以使用华为 eNSP 模拟器，完成上述实训操作，扫描下方二维码，阅读配套的实训过程文档。

综合实训 12

【综合实训 13】配置三层交换机 RIP 动态路由协议

网络场景

如图 3-2-14 所示为动态路由示意图，SW1 和 SW2 为三层交换机，PC1 和 PC2 分别连在 SW1 和 SW2 上，SW1 的 Gi0/1 端口与 PC1 相连，SW1 的 Gi0/2 和 SW2 的 Gi0/1 端口相连，SW2 的 Gi0/2 端口与 PC2 相连。PC1 的 IP 地址为 192.168.1.1/24，PC2 的 IP 地址为 192.168.3.2/24。通过配置 RIP 使得 PC1 和 PC2 能相互通信。

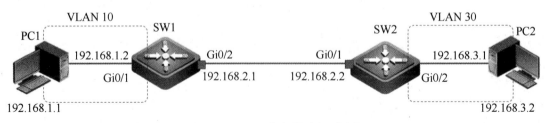

图 3-2-14　动态路由示意图

实施过程

1. 配置 PC 地址和网关

PC1 的 IP 地址为 192.168.1.1/24，网关为 192.168.1.2。

PC2 的 IP 地址为 192.168.3.2/24，网关为 192.168.3.1。

2. 配置交换机地址

- SW1 的配置如下。

```
Ruijie#config terminal
Ruijie(config)#hostname SW1
SW1(config)#vlan 10
SW1(config-vlan)#int vlan 10
SW1(config-if-VLAN 10)#ip address 192.168.1.2 255.255.255.0
SW1(config-if-VLAN 10)#exit
SW1(config)#int Gi 0/1
SW1(config-if-GigabitEthernet 0/1)#switchport access vlan 10
SW1(config-if-GigabitEthernet 0/1)#exit
SW1(config)#int Gi 0/2
SW1(config-if-GigabitEthernet 0/2)#no switch
SW1(config-if-GigabitEthernet 0/2)#ip address 192.168.2.1 255.255.255.0
SW1(config-if-GigabitEthernet 0/2)#exit
SW1(config)#show ip route              ! 查看路由表
```

- SW2 的配置如下。

```
Ruijie#config terminal
Ruijie(config)#hostname SW2
SW2(config)#vlan 30
SW2(config-vlan)#int vlan 30
SW2(config-if-VLAN 10)#ip address 192.168.3.1 255.255.255.0
SW2(config-if-VLAN 10)#exit
SW2(config)#int Gi 0/1
SW2(config-if-GigabitEthernet 0/1)#no switch
SW2(config-if-GigabitEthernet 0/1)#ip address 192.168.2.2 255.255.255.0
SW2(config-if-GigabitEthernet 0/1)#exit
SW2(config)#int Gi 0/2
SW2(config-if-GigabitEthernet 0/2)#switchport access vlan 30
SW2(config-if-GigabitEthernet 0/2)#exit
SW2(config)#show ip route              ! 查看路由表
```

3. 配置 RIP 动态路由

- SW1 的配置如下。

```
SW1(config)#router rip                 ! 打开RIP动态路由
SW1(config-router)#version 2           ! 启动版本2
SW1(config-router)#no auto-summary
```

```
SW1(config-router)#network 192.168.1.0
SW1(config-router)#network 192.168.2.0
SW1(config-router)#end
SW1#show ip route                         ！查看路由表
```

● SW2 的配置如下。

```
SW2(config)#router rip                    ！打开 RIP 动态路由
SW2(config-router)#version 2              ！启动版本 2
SW2(config-router)#no auto-summary
SW2(config-router)#network 192.168.3.0
SW2(config-router)#network 192.168.2.0
SW2(config-router)#end
SW2#show ip route                         ！查看路由表
```

4. 验证

（1）两台计算机可以相互 Ping 通。

（2）查看路由表，验证图略。

小贴士

限于实训环境和条件，用户也可以使用华为 eNSP 模拟器，完成上述实训操作，扫描下方二维码，阅读配套的实训过程文档。

综合实训 13

任务3.3 配置三层交换机 DHCP 服务

3.3.1 掌握 DHCP 服务技术原理

1. DHCP 概述

接入网络中的每台计算机都没有固定的 IP 地址，当计算机开机后会从网络中的一台 DHCP 服务器上获取该计算机的 IP 地址、子网掩码、网关及 DNS 等信息。当这台计算机关机后就会自动释放这个 IP 地址，分配给其他需要上网的计算机使用。这就是 DHCP 的服务过程。DHCP 服务器允许计算机动态地获取 IP 地址。

其中，DHCP 的服务分为两个部分：一个是服务器端，另一个是客户端。

所有的 IP 网络设定都由 DHCP 服务器集中管理，并负责处理客户端的 DHCP 要求，而客户端使用从服务器分配下来的 IP 地址。DHCP 方式获取地址示意图如图 3-3-1 所示。

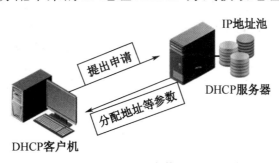

图 3-3-1　DHCP 方式获取地址示意图

2. DHCP 地址分配流程

在网络中搭建的 DHCP 工作环境，采用客户机/服务器结构。DHCP 服务器都拥有一个 IP 地址池，任何启用 DHCP 的客户机登录网络时，都可从它那里租借一个 IP 地址。不使用的 IP 地址就自动返回地址池，以供再次分配。

使用 DHCP 服务从网络中获取 IP 地址的过程共分为 4 个阶段，分别为发现阶段、提供阶段、选择阶段、确认阶段，如图 3-3-2 所示。

（1）发现阶段。

当 DHCP 客户机第一次登录网络时，也就是客户发现本机上没有任何 IP 数据设定时，它会以广播方式向网络发出一个 DHCP Discover 封装请求包来寻找 DHCP 服务器，即以目标地址 255.255.255.255 向全网发送特定的广播信息。

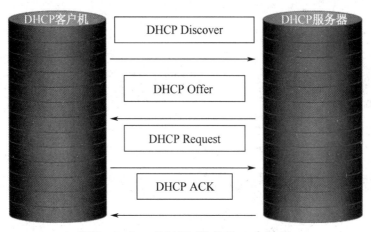

图 3-3-2　DHCP 服务的 4 个阶段

因为客户机还不知道自己属于哪一个网络，所以封装请求包的来源地址为 0.0.0.0，而目的地址为 255.255.255.255，然后封装请求包再附上 DHCP Discover 的信息，向网络进行广播，这就是 DHCP 发现阶段，如图 3-3-3 所示。

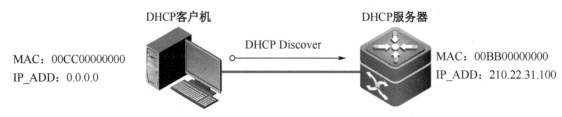

图 3-3-3　DHCP 发现阶段

（2）提供阶段。

DHCP 服务器收到客户机发来的广播信息后，会从 IP 地址池挑选一个还没有出租的 IP 地址，并利用单播的方式提供给 DHCP 客户机，即 DHCP 服务器提供 IP 地址阶段，如图 3-3-4 所示，即为向发送信息请求 IP 地址的客户机发送一个包含出租的 IP 地址和其他设置的 DHCP 配置信息的过程。

（3）选择阶段。

客户机收到 DHCP Offer 信息后，利用广播方式响应一个 DHCP Request 信息给 DHCP 服务器，即 DHCP 客户机选择某台 DHCP 服务器提供 IP 地址阶段，如图 3-3-5 所示。

如果网络中有多台 DHCP 服务器同时向客户机发送 DHCP 信息，则客户机只接收第一个收到的 DHCP 服务器提供的 IP 地址信息，然后以广播方式回答一个 DHCP 请求。

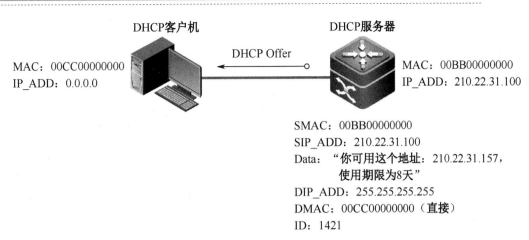

图 3-3-4　DHCP 提供阶段

图 3-3-5　DHCP 选择阶段

（4）确认阶段。

DHCP 服务器收到客户机接收到 IP 地址的 DHCP Request 信息后，再利用广播的方式向客户机发送一个 DHCP ACK 确认信息，即 DHCP 服务器对所提供的 IP 地址的确认阶段，如图 3-3-6 所示。

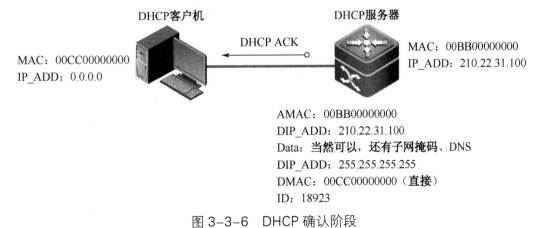

图 3-3-6　DHCP 确认阶段

3.3.2 配置 DHCP 服务

进入配置模式，配置 DHCP 服务，分配各种参数，相关命令如下。

```
Switch (config)#server DHCP                          ! 开启 DHCP 服务
Switch (config)# ip dhcp pool ruijie                 ! 定义一个地址池名
Switch (dhcp-config)#network 10.1.1.0 255.255.255.0 ! 配置地址池子网和掩码
Switch (dhcp-config)#default-router 10.1.1.1 10.1.1.2    ! 配置默认网关
Switch (dhcp-config)#domain-name ruijie.com.cn          ! 给客户端分配域名
Switch (dhcp-config)# ip dhcp excluded-address 10.1.1.150 10.1.1.200
                                                     ! 定义排除地址配置范围
```

默认情况下，网络设备端口不能通过 DHCP 获得 IP 地址。若需要获得 IP 地址，则相关配置过程如下。

```
Router(config)# interface FastEthernet 1/0
Router(config-if)#ip address dhcp                ! 配置客户机通过端口能获取 IP 地址
```

【综合实训 14】配置三层交换机 DHCP 服务器

网络场景

某校园网使用三层交换机作为接入设备连接终端计算机，为减少手动配置地址的烦琐，使用三层交换机搭建 DHCP 服务器，帮助计算机自动获得 IP 地址，如图 3-3-7 所示。

图 3-3-7 使用三层交换机搭建 DHCP 服务器

实施过程

1. 配置 PC 自动获取地址和网关

PC1 主机的 IP 地址设置为 DHCP 自动获取方式。

PC2 主机的 IP 地址设置为 DHCP 自动获取方式。

2. 配置三层交换机 DHCP

● 在三层交换机设备上开启 DHCP 服务，需进行如下配置。

```
Ruijie#config terminal
Ruijie(config)#hostname Switch
Switch(config)#int vlan 1
Switch(config-if)#ip address 10.1.1.1 255.255.255.0
                                        ！交换机配置 IP 地址作为网关
Switch(config-if)#no shutdown
Switch(config-if)#exit
Switch(config)#Service dhcp                  ！ 开启 DHCP 服务器
Switch(config)#ip dhcp pool test          ！命名一个地址池名称为 test
Switch(config)#network 10.1.1.0 255.255.255.0  ！ 获取地址的范围
Switch(config)#default-router 10.1.1.1       ！获得网关信息
Switch(config)#end
```

3. 查看三层交换机 DHCP 分配情况

```
Switch#show ip dhcp binding    ！ 查看主机获取地址信息
……
```

小贴士

限于实训环境和条件，用户也可以使用华为 eNSP 模拟器，完成上述实训操作，扫描下方二维码，阅读配套的实训过程文档。

综合实训 14

【认证测试】

以下选择题均为单选，请寻找正确的或最佳的答案。

1. 锐捷网络三层交换机 MAC 地址前 24 位由 IEEE 分配为（   ）。

　　A. 01005E　　B. 00D0F8　　　C. 00E0F8　　　　D. 00D0E8

2. 三层交换机和路由器相同的特点是（   ）。

　　A. 有丰富的广域网端口　　　　B. 具有高速转发能力

C. 具有路由寻径能力　　　　　D. 端口数量多

3. 三层交换机默认处理的是（　　　）。

   A. 脉冲信号　　　　　　　　B. MAC帧

   C. IP包　　　　　　　　　　D. ATM包

4. 下列（　　　）系列的设备不适合做汇聚层设备。

   A. S2926　　B. S3750　　C. S5760　　　D. S6100

5. 下列选项中，不属于汇聚层特征的是（　　　）。

   A. 安全

   B. 部门或工作组级访问

   C. 虚拟VLAN之间的路由选择

   D. 建立独立的冲突域

6. 交换机和交换机连接的端口模式与交换机和主机连接的端口模式分别是（　　　）。

   A. ACCESS，TRUNK　　　　B. ACCESS，ACCESS

   C. TRUNK，TRUNK　　　　　D. TRUNK，ACCESS

7. 三层交换机技术属于OSI参考模型中的（　　　）。

   A. 第三层　　　　　　　　　B. 第二层

   C. 第四层　　　　　　　　　D. 第七层

8. 在三层交换机配置"spanning-tree mode rstp"命令，下列说法中正确的是（　　　）。

   A. 交换机自动开启快速生成树协议

   B. 交换机自动成为根交换机

   C. 生成树协议被激活

   D. MSTP协议被激活

9. 在三层交换机配置RSTP与STP，以下关于兼容性表述中正确的是（　　　）。

   A. RSTP能够自动向下兼容STP

   B. STP能够自动适应RSTP的工作机制

   C. 支持RSTP却错误运行了STP交换机，能自动发送强制RSTP信息

   D. RSTP不能与STP兼容

10. BPDU报文发送时间间隔默认值是（　　　）。

   A. 1 s　　　B. 2 s　　　C. 10 s　　　D. 20 s

11. 在三层交换机启动的生成树协议是由（　　　）标准规定的。

   A. 802.3　　B. 802.1q　　C. 802.1d　　D. 802.3u

12. 在三层交换机中，通过配置路由协议中的管理距离来衡量路由的（　　　）。

   A. 可信度的等级　　　　　　B. 路由信息的等级

   C. 传输距离的远近　　　　　D. 线路的好坏

13. 下列选项中，（　　　　）不是用于距离向量路由选择协议解决路由环路的方法。

　　A. 水平分割　　　　　　　　　　B. 逆向毒化

　　C. 触发更新　　　　　　　　　　D. 立即删除故障条目

14. 在三层交换机上配置 RIP 路由，下列说法中正确的是（　　　　）。

　　A. RIPv2 路由协议支持关闭自动汇总

　　B. RIP 协议不产生路由环路

　　C. RIPv1 支持 VLSM

　　D. RIPv2 发送更新信息到 255.255.255.255

15. 在三层交换机上配置 RIP 路由，RIP 协议在传输层的端口号是（　　　　）。

　　A. 502　　　　　B. 520　　　　　C. 521　　　　　D. 512

16. 在三层交换机上配置静态路由是（　　　　）。

　　A. 手动输入到路由表中且不会被路由协议更新

　　B. 一旦网络发生变化就被重新计算更新

　　C. 路由器出厂时就已经配置好的

　　D. 通过其他路由协议学习到的

17. 在三层交换机上配置静态路由，需要输入（　　　　）命令。

　　A. route ip　　　　　　　　　　B. show ip route

　　C. show route　　　　　　　　　D. ip route

18. 配置三层交换机端口地址时，应采用（　　　　）命令。

　　A. no switch　 / 　ip address 1.1.1.1 netmask 255.0.0.0

　　B. no switch　 / 　ip address 1.1.1.1/24

　　C. no switch　 / 　set ip address 1.1.1.1 subnetmask 24

　　D. no switch　 / 　ip address 1.1.1.1 255.255.255.248

19. 三层交换机端口安全的老化地址时间最大为（　　　　）。

　　A. 10 分钟　　　　B. 256 分钟　　　　C. 720 分钟　　　　D. 1 440 分钟

20. 配置三层交换机 IP 静态路由不小心将地址写错，以下修改中正确的是（　　　　）。

　　A. Router(config)#clear ip route 172.16.100.0 255.255.255.0 S0/1

　　　　Router(config)#ip route 172.16.10.0 255.255.255.0 S0/1

　　B. Router(config)#clear ip route

　　　　Router(config)#ip route 172.16.10.0 255.255.255.0 S0/1

　　C. Router(config)#delete ip route 172.16.100.0 255.255.255.0 S0/1

　　　　Router(config)#ip route 172.16.10.0 255.255.255.0 S0/1

　　D. Router(config)#no ip route 172.16.100.0 255.255.255.0

　　　　Router(config)#ip route 172.16.10.0 255.255.255.0 S0/1

项目4

配置高级路由技术

　　一期建设完成的北京延庆某中心小学校园网如图 4-1-1 所示，包括学生教学区的 30 多间多媒体教室、教师办公区的 10 多间办公室及网络中心等。该校园网采用三层架构部署，使用高性能的交换机连接网络，从而保障了网络的稳定性，实现了校园网数据的高速传输。

　　在校园网内部，通过核心交换机连接到网络中心的出口路由器上，通过出口路由器接入北京市普教城域网。因此，需要配置全网的动态路由来实现该中心小学的校园网互联互通，以及与互联网通信。

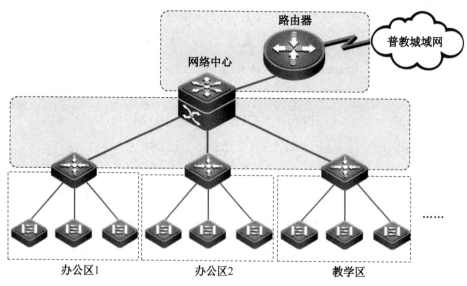

图 4-1-1　一期建设完成的北京延庆某中心小学校园网

本项目任务

○　任务 4.1　配置路由器链路状态路由
○　任务 4.2　配置路由重发布技术

任务 4.1 配置路由器链路状态路由

4.1.1 链路状态路由

链路状态路由协议又称为最短路径优先协议，其基于最短路径优先算法，比距离矢量路由协议复杂得多，但基本功能和配置很简单，甚至算法也容易理解。

其中，路由器的链路状态信息称为链路状态，包括端口的 IP 地址和子网掩码、网络类型、该链路的开销、该链路上的所有相邻路由器等。

距离矢量路由协议和链路状态路由协议的主要区别如下。

● 生成路由的方式不同。

● 衡量路径优劣的参数不同。

距离矢量路由协议是平面式的，所有的路由学习完全依靠邻居，交换的是路由表。

链路状态路由协议是层次式的，网络中的路由器并不向邻居传递路由表，而是通告给邻居的链路状态。运行该路由协议的路由器，不是简单地从相邻的路由器学习路由，而是把路由器分成区域，收集区域的所有路由器的链路状态信息，根据状态信息生成网络拓扑结构，每个路由器再根据拓扑结构计算出路由。

距离矢量路由协议选择路径的参数，是以跨越路由器的个数为准的；而链路状态路由协议选择路径的参数，是以带宽等链路参数为准的。

距离矢量路由协议的代表有 RIP 等，链路状态路由协议的代表有 OSPF 等。

4.1.2 OSPF 动态路由协议

OSPF 动态路由协议是一种典型的链路状态路由协议，主要维护工作在同一个路由域内网络的连通。这里的路由域是指一个自治系统（Autonomous System，AS），即一组通过统一的路由政策或路由协议互相交换路由信息的网络。

在自治系统中，所有 OSPF 路由器都维护一个具有相同描述结构的 AS 结构数据库，该数据库存放在路由域中，此网络环境相应的链路状态信息如图 4-1-2 所示。

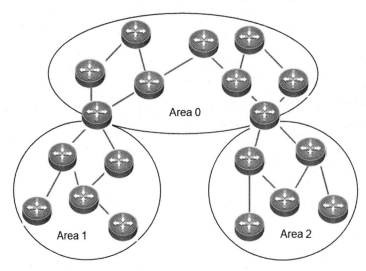

图 4-1-2　具有自治系统的网络环境相应的链路状态信息

每台 OSPF 路由器都维护相同自治系统的拓扑结构数据库，OSPF 路由器通过这个数据库，计算出其 OSPF 路由表。当拓扑发生变化时，OSPF 路由器能迅速重新计算出路径，只消耗少量路由协议流量。

作为一种经典的链路状态路由协议，运行 OSPF 动态路由协议的路由器将链路状态广播数据包传送给在指定区域内的所有路由器，这一点与距离矢量路由协议不同，运行距离矢量路由协议的路由器将部分或全部的路由表传递给与其相邻的路由器。

OSPF 动态路由协议不再采用跳数的概念，而是根据网络中端口的吞吐量、拥塞状况、往返时间、可靠性等实际链路的负载能力来作为路由选择的依据。同时，选择最短、最优路由作为数据包传输路径，并允许保持到达同一目的地址的多条路由存在，从而平衡网络负荷。

此外，OSPF 动态路由协议还支持不同服务类型的不同代价，从而实现不同 QoS 的路由服务；OSPF 路由器不再交换路由表，而是同步各路由器对网络状态的认识。

OSPF 动态路由协议是一种链路状态路由协议，为了更好地说明 OSPF 动态路由协议的基本特征，下面将 OSPF 动态路由协议与 RIP 路由协议进行比较，以便更加清晰地描述 OSPF 动态路由协议的特点。

1. 网络管理距离不同

在 RIP 路由协议中，其路由的管理距离是 120；而 OSPF 动态路由协议具有更高的优先级别，其管理距离为 110。

2. 网络范围不同

在 RIP 路由协议中，表示目的网络远近的参数为跳，该参数最大为 15。

在 OSPF 动态路由协议中，路由表中表示目的网络的参数为路径开销，该参数与网络中的链路带宽相关，也就是说，OSPF 路由不受物理跳数限制。因此，OSPF 适用于支持有几百台路由器的大型网络。

3. 路由收敛速度不同

路由收敛快慢是衡量路由协议的一个关键指标。

RIP 路由协议周期性地将整个路由表信息广播至网络中，该广播周期为 30 s，不仅占用较多网络带宽，还影响网络的更新。

OSPF 动态路由协议在网络稳定时，路由更新也会减少，并且其更新也不是周期性的，因此 OSPF 路由在大型网络中能够较快收敛。

4. 构建无环网络

RIP 路由协议采用 DV 算法，使用该算法的 RIP 路由协议会产生路由环路现象，而且很难清除。

OSPF 动态路由协议采用 SPF 算法，避免了环路产生。SPF 算法的计算结果是一棵树，从根结点到叶子结点是单向不可回复路径，因此构建的是无环网络路径。

5. 安全认证

RIPv1 路由协议不支持安全认证，修正版本的 RIPv2 路由协议增加了部分安全认证功能。

OSPF 动态路由协议支持路由验证，只有通过路由验证，路由器之间才能交换路由信息。OSPF 路由可以对不同区域定义不同的验证方式，从而提高网络安全性。

6. 路由协议负载分担

RIPv1 路由协议在传播路由信息时不具有负载分担功能。

OSPF 动态路由协议支持路由负载分担功能。它支持多条路径开销，可实现相同链路上的负载分担。如果到同一个目的地址有多条路径，而且花费相等，那么可以将多条路径显示在路由表中。

7. 以组播地址发送报文

RIP 路由协议使用广播报文传播路由给网络上的所有设备，这种以周期性广播形式的发送会产生一定干扰，同时在一定程度上占用了宝贵的带宽资源。

OSPF 动态路由协议使用 224.0.0.5 组播地址来发送报文，只有运行 OSPF 动态路由协议的设备才会接收发送来的报文，其他设备不参与接收。

4.1.3　配置单区域 OSPF 动态路由协议

1. 概述

OSPF 动态路由协议属于内部网关协议，运行在单一自治系统内，是对链路状态路由协议的一种实现，使用最短路径优先算法来计算最短路径树。

OSPF 是 IETF 组织开发的基于链路状态、自治系统内部的动态路由协议，它通过收集和传递自治系统的链路状态来动态发现并传播路由。

OSPF 动态路由协议适合更广阔范围网络的路由学习，支持 CIDR 及来自外部路由信息选择，同时提供路由选择更新验证，利用 IP 组播发送/接收更新资料。此外，OSPF 动态路由协议还支持各种规模的网络，具有快速收敛、支持安全验证、区域划分等特点。

OSPF 动态路由协议支持区域划分，可适应大规模网络。

目前 OSPF 在应用中有以下两个版本。

（1）OSPFv2，适用于 IPv4 环境。

（2）OSPFv3，扩展支持 IPv6 环境。

2. OSPF 中相关的概念

- 自治系统，是指使用同一种路由协议交换路由信息的一组路由器，在本项目中是指运行了 OSPF 动态路由协议的一组路由设备的集合。
- 路由 ID（Router ID），用于在 AS 中唯一标识一台运行 OSPF 动态路由协议的路由器的 32 位整数，每个运行 OSPF 动态路由协议的路由器都必须有一个 Router ID。
- 邻居（Neighbor），设备启动 OSPF 动态路由协议后，便会通过端口向外发送 Hello 报文。收到 Hello 报文的其他启动 OSPF 动态路由协议的设备会检查报文中所定义的参数，如果双方一致，则会形成邻居关系。
- 邻接（Adjacency），形成邻居关系的双方不一定都能形成邻接关系，当两台路由设备之间交换路由信息通告，并在此基础上建立了自己的链路状态数据库后，才能形成邻接关系。

3. OSPF 动态路由协议工作机制

简单来说，OSPF 动态路由协议的工作机制就是两个相邻的路由器通过发送报文的形式成为邻居关系；邻居再相互发送链路状态信息，形成邻接关系；之后，各自根据最短路径算法计算出路由，放在 OSPF 路由表中。整个过程使用了五种报文、三个阶段、四张表。

（1）五种报文。

- Hello 报文：建立并维护邻居关系。
- DBD 报文：发送链路状态头部信息。

- LSR 报文：把从 DBD 报文中找出的链路状态头部信息传给邻居，请求完整信息。
- LSU 报文：将 LSR 报文请求的头部信息对应的完整信息发给邻居。
- LSAck 报文：收到 LSU 报文后确认该报文。

（2）三个阶段。

- 邻居发现阶段：通过发送 Hello 报文形成邻居关系。
- 路由通告阶段：邻居间发送链路状态信息形成邻接关系。
- 路由计算阶段：根据最短路径算法算出路由，并将路由信息放在路由表中。

（3）四张表。

- 邻居表：主要记录形成邻居关系的路由器。
- 链路状态数据库：记录链路状态信息。
- OSPF 路由表：通过链路状态数据库得出。
- 全局路由表：通过 OSPF 路由与其他路由比较得出。

4. OSPF 动态路由协议工作过程

OSPF 动态路由协议的具体工作过程如图 4-1-3 所示。

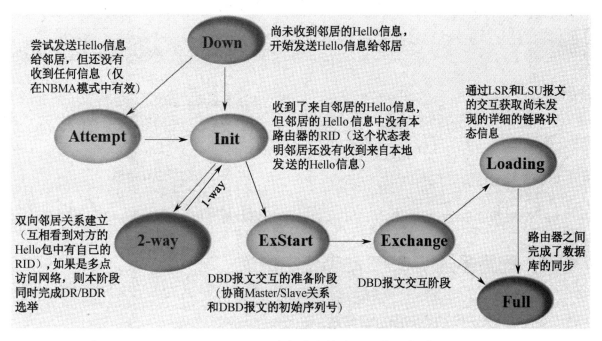

图 4-1-3　OSPF 动态路由协议的具体工作过程

（1）启动进程，路由器从端口发送 Hello 包。

（2）收到邻居的 Hello 包，检查参数，若匹配则把 Hello 包中的 Router ID 放入邻居表，标识为 Init 状态，并将该 Router ID 添加到 Hello 包（自己将要从该端口发送出去的 Hello 包）的邻居列表中。

（3）收到 Hello 包的邻居列表中含有自己的 Router ID，则标识为 1-way 状态。

（4）点对点链路形成邻接关系，在广播、NBMA 网络类型的链路进行 DR 选举。

（5）形成邻接关系，进入 ExStart（准启动）状态，通过 DBD 报文选举主/从路由器。

（6）主/从路由器选举完成，进入 Exchange（交换）状态，通过 DBD 报文描述 LSDB。

（7）进入 Loading 状态，对链路状态数据库和收到的 DBD 报文的 LSA 头部信息进行比较，发现自己的数据库中没有 LSA 就发送 LSR 报文，向邻居请求该 LSA；邻居收到 LSR 报文后，回应 LSU 报文；收到邻居发来的 LSU 报文，存储这些 LSA 到自己的链路状态数据库，并发送 LSAck 报文确认。

（8）进入 Full 状态，LSDB 同步，同一个区域的 OSPF 路由器都拥有相同链路状态数据库。

（9）定期发送 Hello 包，维护邻居关系。

（10）每台路由器独立进行 SPF 计算，选择最佳路径，放入路由表。

5. 单区域的 OSPF 基本配置

（1）创建 OSPF 路由进程。
```
Router(config)#router ospf process-id    ! process-id 只在本路由器有效
```
（2）通告直连端口。
```
Router(config-router)#network network wildcard-mask area area-id
            ! network 为网段，wildcard-mask 为反掩码或掩码，area-id 为区域号
```
（3）查看及维护类命令。
```
Router#show ip route                  ! 显示路由表
Router#show ip ospf neighbor detail   ! 显示 OSPF 邻居详细信息
Router#show ip ospf database          ! 显示拓扑数据库的内容
Router#show ip ospf interface         ! 检验已经配置在目的区域中的端口
Router#show ip ospf                   ! 显示 OSPF 协议信息
Router#clear ip route *               ! 清除路由表
Router#debug ip ospf                  ! 调试 OSPF 协议
```

4.1.4 配置多区域 OSPF 动态路由协议

1. 多区域 OSPF 动态路由协议背景

如图 4-1-4 所示，单区域 OSPF 动态路由协议主要有以下问题。

● 同一个区域内所有路由器的 LSDB 完全相同。

● 收到的 LSA 通告信息太多。

● 内部链路动荡会引起全网路由器的完全 SPF 计算。

● 区域内路由无法汇总，需要维护的路由表越来越大，资源消耗过多，性能下降，影响数据转发。

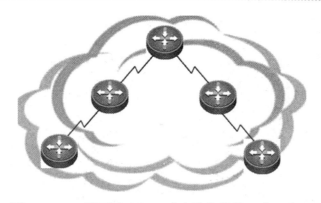

图 4-1-4 单区域 OSPF 动态路由协议工作示意图

如图 4-1-5 所示，多区域 OSPF 动态路由协议可解决以下问题。

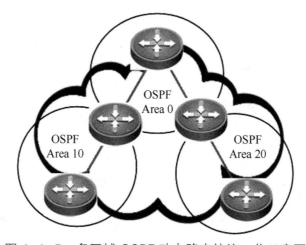

图 4-1-5 多区域 OSPF 动态路由协议工作示意图

（1）把大型网络分隔为多个较小的、可管理的单元。

（2）网络类型影响邻居关系、毗邻关系的形成，以及路由计算。

● 控制 LSA 只在区域内泛洪，有效地把拓扑变化控制在区域内，把拓扑的变化影响限制在本区域。

● 提高了网络的稳定性和扩展性，有利于组建大规模的网络。

● 在区域边界可以进行路由汇总，从而减小路由表。

2. 多区域 OSPF 工作原理

（1）部署多区域 OSPF。

多区域 OSPF 示意图如图 4-1-6 所示。

Area 0 为骨干区域，骨干区域负责在非骨干区域之间发布由区域边界路由器汇总的路由信息（并非详细的链路状态信息）。

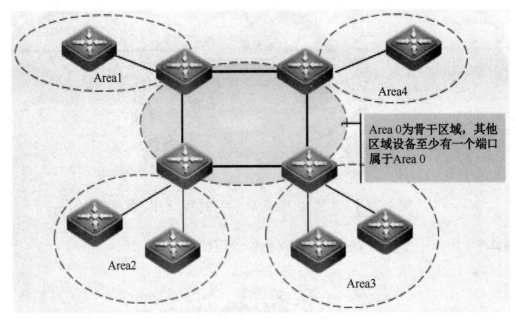

Area 0 为骨干区域，其他区域设备至少有一个端口属于 Area 0

图 4-1-6　多区域 OSPF 示意图

为了避免区域之间路由环路，非骨干区域之间不允许直接相互发布区域之间路由信息。因此，所有区域边界路由器都至少有一个端口属于 Area 0，即每个区域都必须连接到骨干区域。

多区域 OSPF 具有以下特点。

- LSA 泛洪和链路状态数据库同步只在区域内进行，每个区域都有自己独立的链路状态数据库，SPF 计算独立进行。
- 所有区域必须和骨干区域直接连接，骨干区域必须是连续的。
- 区域边界路由器把区域内的路由转换成区域间路由。
- 形成邻居关系的路由器相连的端口必须在同一区域。

（2）多区域 OSPF 环境中的路由器类型。

多区域 OSPF 环境中的路由器类型有以下几种。

- 内部路由器（Internal Area Router，IAR），所有端口在同一个 Area 内。同一区域内的所有内部路由器的 LSDB 完全相同。
- 区域边界路由器（Area Border Router，ABR），端口分属于两个或两个以上的区域，并且有一个活动端口属于 Area 0。ABR 为它们所连接的每个区域分别维护单独的 LSDB。区域间路由信息必须通过 ABR 才能进出区域。ABR 是区域路由信息的进出口，也是区域间数据的进出口。
- 主干路由器（Backbone Router，BR），至少有一个端口属于 Area 0 的路由器。
- 自治系统边界路由器（AS Boundary Router，ASBR），通过重发布引入其他路由协议或其他进程的路由信息。

（3）多区域 OSPF 环境中常见的 LSA 类型。

多区域 OSPF 环境中常见的 LSA 类型见表 4-1-1，其中，描述了各种类型的 LSA 生成的路由器及其传播的范围和产生的作用。

表 4-1-1　多区域 OSPF 环境中常见的 LSA 类型

LSA 类型	由谁产生的	作　　用	路由表显示
LSA1	每个 OSPF 路由器	描述区域内部与路由器直连的链路的信息	O
LSA2	DR	描述广播型网络信息	O
LSA3	ABR	描述区域间信息	O IA
LSA4	ABR	描述 ASBR 可达信息	O IA
LSA5	ASBR	描述引入的外部路由	O E2/O E1
LSA7	ASBR	在 NSSA 区域中描述引入的外部路由	O N2/O N1

- 1 类 LSA，路由器 LSA。每台 OSPF 路由器都会产生 1 类 LSA，表示路由器自己在本区域内的直连链路信息。该 LSA 仅在本区域内传播。其中，Link ID 和 ADV Router 写的都是该路由器的 Router ID。

- 2 类 LSA，网络 LSA。在广播或非广播模式下（NBMA）由 DR 生成。该 LSA 仅在本区域内传播。2 类 LSA 表达的意思是某区域内，在广播或非广播的网段内选举了 DR，于是 DR 在本区域范围内利用 2 类 LSA 来进行通告。其中，该 LSA 的 Link ID 就是该 DR 的端口 IP 地址，而 ADV Router 则是 DR 的 Router ID。

- 3 类 LSA，网络汇总 LSA。由区域边界路由器生成，用于将一个区域内的网络通告给 OSPF 中的其他区域。可以认为 3 类 LSA 保存着本区域以外的所有其他区域的网络。

- 4 类 LSA，ASBR 汇总 LSA。4 类 LSA 与 5 类 LSA 是紧密联系在一起的，可以说 4 类 LSA 是由于 5 类 LSA 的存在而产生的。4 类 LSA 由距离本路由器最近的 ABR 生成，即如果路由器想要找到包含了外部路由的那台 ASBR，则应该到达那台 ABR，这台 ABR 的 Router ID 就写在该 LSA 的 ADV Router 中，而 LSA 中的 Link ID 代表的是该 ASBR 的 Router ID。

- 5 类 LSA，外部的 LSA。5 类 LSA 由包含了外部路由的 ASBR 产生，目标是把某外部路由通告给 OSPF 进程的所有区域(特殊区域除外，如下面提到的 NSSA 区域)。5 类 LSA 可以穿越所有区域，在跨区域通告时，该 LSA 的 Link ID 和 ADV Router 一直保持不变。通俗来说，就像是该 ASBR 对 OSPF 全网络的所有路由器说："我有这个外部路由，想去的话就来找我吧！"其中，Link ID 代表的是那台 ASBR 所引入的网络，ADV Router 则是该 ASBR 的 Router ID。

- 7 类 LSA。7 类 LSA 是一种由 NSSA 区域中引入了外部路由的路由器生成的 LSA，仅在 NSSA 区域内传播。由于 NSSA 区域不允许外部的路由进来，从而禁止了 5 类

LSA，因此为了能够把自己的外部路由传播出去，使用了 7 类 LSA 来代替 5 类 LSA 的功能。

【综合实训 15】配置单区域 OSPF 动态路由协议

网络场景

单区域 OSPF 动态路由协议工作示意图如图 4-1-7 所示，某企业有三栋楼，每栋楼都部署了一台路由器，三台路由器相连，PC1 连接在 Router1 上，PC2 连接在 Router3 上。PC1 连接到 Router1 的 Fa0/0 端口，Router1 的 Fa0/1 端口连接到 Router2 的 Fa0/0 端口，Router2 的 Fa0/1 端口连接到 Router3 的 Fa0/0 端口，Router3 的 Fa0/1 端口连接到 PC2。PC1 的 IP 地址为 192.168.1.1/24，网关为 192.168.1.2。

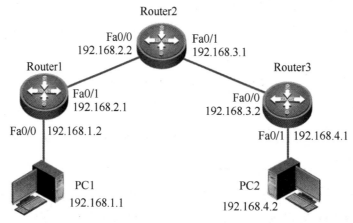

图 4-1-7　单区域 OSPFOSPF 动态路由协议工作示意图

Router1 的 Fa0/0 端口的 IP 地址为 192.168.1.2/24，Fa0/1 端口的 IP 地址为 192.168.2.1/24。
Router2 的 Fa0/0 端口的 IP 地址为 192.168.2.2/24，Fa0/1 端口的 IP 地址为 192.168.3.1/24。
Router3 的 Fa0/0 端口的 IP 地址为 192.168.3.2/24，Fa0/1 端口的 IP 地址为 192.168.4.1/24。
PC2 的 IP 地址为 192.168.4.2/24。

需要通过配置 OSPF 动态路由协议使 PC1 和 PC2 通信。

备注 1： 根据实训设备配置情况，选择设备对应端口名称，如 Fa0/1 或 Gi0/1。如果使用锐捷模拟器完成实训，需要在以下配置中修改相应端口名称。在锐捷模拟器中，路由器的三层端口也需要使用 "no switch" 命令，切换到三层端口配置模式，然后才可以配置 IP 地址。

备注 2： 根据实训设备配置情况，本实训也可以使用三台交换机来完成实训过程。

1. PC1 和 PC2 的 IP 地址和网关的配置

PC1 的 IP 地址为 192.168.1.1/24，网关为 192.168.1.2。

PC2 的 IP 地址为 192.168.4.2/24，网关为 192.168.4.1。

2. 配置端口 IP 地址

- Router1 的配置如下。

```
Ruijie#config terminal
Ruijie(config)#hostname Router1
Router1(config)#int Fa 0/0
Router1(config-if-FastEthernet 0/0)#ip address 192.168.1.2 255.255.255.0
Router1(config-if-FastEthernet 0/0)#exit
Router1(config)#int Fa 0/1
Router1(config-if-FastEthernet 0/1)#ip address 192.168.2.1 255.255.255.0
Router1(config-if-FastEthernet 0/1)#exit
```

- Router2 的配置如下。

```
Ruijie#config terminal
Ruijie(config)#hostname Router2
Router2(config)#int Fa 0/0
Router2(config-if-FastEthernet 0/0)#ip address 192.168.2.2 255.255.255.0
Router2(config-if-FastEthernet 0/0)#exit
Router2(config)#int Fa 0/1
Router2(config-if-FastEthernet 0/1)#ip address 192.168.3.1 255.255.255.0
Router2(config-if-FastEthernet 0/1)#exit
```

- Router3 的配置如下。

```
Ruijie#config terminal
Ruijie(config)#hostname Router3
Router3(config)#int Fa 0/0
Router3(config-if-FastEthernet 0/0)#ip address 192.168.3.2 255.255.255.0
Router3(config-if-FastEthernet 0/0)#exit
Router3(config)#int Fa 0/1
Router3(config-if-FastEthernet 0/1)#ip address 192.168.4.1 255.255.255.0
Router3(config-if-FastEthernet 0/1)#exit
```

3. 配置 OSPF

- Router1 的配置如下。

```
Router1(config)#router ospf 100         ！创建 OSPF 协议
Router1(config-router)#network 192.168.1.0 0.0.0.255 area 0
Router1(config-router)#network 192.168.2.0 0.0.0.255 area 0
                                                ！通告直连端口
```

```
Router1(config-router)#end
```

● Router2 的配置如下。

```
Router2(config)#router ospf 100        !创建 OSPF 协议
Router2(config-router)#network 192.168.2.0 0.0.0.255 area 0
Router2(config-router)#network 192.168.3.0 0.0.0.255 area 0
                                                      !通告直连端口
Router2(config-router)#end
```

● Router3 的配置如下。

```
Router3(config)#router ospf 100        !创建 OSPF 协议
Router3(config-router)#network 192.168.3.0 0.0.0.255 area 0
Router3(config-router)#network 192.168.4.0 0.0.0.255 area 0
                                                      !通告直连端口
Router3(config-router)#end
```

备注：配置 OSPF 时只需要在通告直连的端口网段后面加反掩码和区域号即可。互连的端口的区域号相同，OSFP 的进程号可以不同。

4. 验证

（1）PC1 和 PC2 之间可以互相 Ping 通。

（2）查看路由信息。

● 查看 OSPF 邻居信息，如图 4-1-8 所示。

```
Router1#show ip ospf neighbor
```

备注：相邻的路由器形成邻居关系时正常情况大部分为 Full 状态。

```
router1#show ip ospf neighbor
OSPF process 100, 1 Neighbors, 1 is Full:
Neighbor ID     Pri   State         BFD State   Dead Time   Address       Interface
192.168.3.1      1    Full/BDR        -          00:00:35    192.168.2.2   FastEthernet 0/1

router2#show ip ospf neighbor
OSPF process 100, 2 Neighbors, 2 is Full:
Neighbor ID     Pri   State         BFD State   Dead Time   Address       Interface
192.168.2.1      1    Full/DR         -          00:00:32    192.168.2.1   FastEthernet 0/0
192.168.4.1      1    Full/BDR        -          00:00:33    192.168.3.2   FastEthernet 0/1

router3#show ip ospf neighbor
OSPF process 100, 1 Neighbors, 1 is Full:
Neighbor ID     Pri   State         BFD State   Dead Time   Address       Interface
192.168.3.1      1    Full/DR         -          00:00:37    192.168.3.1   FastEthernet 0/0
```

图 4-1-8　OSPF 邻居信息

● 查看路由表，如图 4-1-9 至图 4-1-11 所示。

```
Router1#show ip route
```

备注：以 O 开头的路由为 OSPF 协议学习到的路由，管理距离为 110，metric 为各链路开销的总和。

```
router1#show ip route
Codes:  C - connected, S - static, R - RIP, B - BGP
        O - OSPF, IA - OSPF inter area
        N1 - OSPF NSSA external type 1, N2 - OSPF NSSA external type 2
        E1 - OSPF external type 1, E2 - OSPF external type 2
        i - IS-IS, su - IS-IS summary, L1 - IS-IS level-1, L2 - IS-IS level-2
        ia - IS-IS inter area, * - candidate default
Gateway of last resort is no set
C    192.168.1.0/24 is directly connected, FastEthernet 0/0
C    192.168.1.2/32 is local host.
C    192.168.2.0/24 is directly connected, FastEthernet 0/1
C    192.168.2.1/32 is local host.
O    192.168.3.0/24 [110/2] via 192.168.2.2, 00:16:24, FastEthernet 0/1
O    192.168.4.0/24 [110/3] via 192.168.2.2, 00:13:32, FastEthernet 0/1
```

图 4-1-9   Router1 的路由表

```
router2#show ip route
Codes:  C - connected, S - static, R - RIP, B - BGP
        O - OSPF, IA - OSPF inter area
        N1 - OSPF NSSA external type 1, N2 - OSPF NSSA external type 2
        E1 - OSPF external type 1, E2 - OSPF external type 2
        i - IS-IS, su - IS-IS summary, L1 - IS-IS level-1, L2 - IS-IS level-2
        ia - IS-IS inter area, * - candidate default
Gateway of last resort is no set
O    192.168.1.0/24 [110/2] via 192.168.2.1, 00:16:45, FastEthernet 0/0
C    192.168.2.0/24 is directly connected, FastEthernet 0/0
C    192.168.2.2/32 is local host.
C    192.168.3.0/24 is directly connected, FastEthernet 0/1
C    192.168.3.1/32 is local host.
O    192.168.4.0/24 [110/2] via 192.168.3.2, 00:13:50, FastEthernet 0/1
```

图 4-1-10   Router2 的路由表

```
router3#show ip route
Codes:  C - connected, S - static, R - RIP, B - BGP
        O - OSPF, IA - OSPF inter area
        N1 - OSPF NSSA external type 1, N2 - OSPF NSSA external type 2
        E1 - OSPF external type 1, E2 - OSPF external type 2
        i - IS-IS, su - IS-IS summary, L1 - IS-IS level-1, L2 - IS-IS level-2
        ia - IS-IS inter area, * - candidate default
Gateway of last resort is no set
O    192.168.1.0/24 [110/3] via 192.168.3.1, 00:14:05, FastEthernet 0/0
O    192.168.2.0/24 [110/2] via 192.168.3.1, 00:14:05, FastEthernet 0/0
C    192.168.3.0/24 is directly connected, FastEthernet 0/0
C    192.168.3.2/32 is local host.
C    192.168.4.0/24 is directly connected, FastEthernet 0/1
C    192.168.4.1/32 is local host.
```

图 4-1-11   Router3 的路由表

小贴士

限于实训环境和条件，用户也可以使用华为 eNSP 模拟器，完成上述实训操作，扫描下方二维码，阅读配套的实训过程文档。

综合实训 15

【综合实训16】配置多区域 OSPF 动态路由协议

网络场景

多区域OSPF动态路由协议工作示意图如图4-1-12所示，PC1连接到Router1的Fa0/0端口，Router1 的 Fa0/1 端口连接到 Router2 的 Fa0/0 端口，Router2 的 Fa0/1 端口连接到 Router3 的 Fa0/0 端口，Router3 的 Fa0/1 端口连接到 PC2。PC1 的 IP 地址为 192.168.1.1/24，网关为 192.168.1.2。

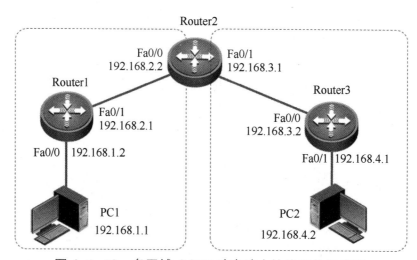

图 4-1-12　多区域 OSPF 动态路由协议工作示意图

Router1 的 Fa0/0 端口的 IP 地址为 192.168.1.2/24，Fa0/1 端口的 IP 地址为 192.168.2.1/24。
Router2 的 Fa0/0 端口的 IP 地址为 192.168.2.2/24，Fa0/1 端口的 IP 地址为 192.168.3.1/24。
Router3 的 Fa0/0 端口的 IP 地址为 192.168.3.2/24，Fa0/1 端口的 IP 地址为 192.168.4.1/24。
PC2 的 IP 地址为 192.168.4.2/24。

需要配置多区域 OSPF 动态路由协议，其中 Router1 和 Router2 在 Area 0 中，Router2 和 Router3 在 Area 1 中，使 PC1 和 PC2 可以互相通信。

备注 1: 根据实训设备配置情况，选择设备对应端口名称，如 Fa0/1 或 Gi0/1。如果使用锐捷模拟器搭建环境配置，需要在以下配置中将端口名称做相应修改。在锐捷模拟器中，路由器的三层端口需要使用 "no switch" 命令切换到三层端口配置模式，然后才可以配置 IP 地址。

备注 2: 根据实训设备配置情况，本实训也可以使用三台交换机完成实训过程。

实施过程

1. PC1 和 PC2 的 IP 地址和网关的配置

PC1 的 IP 地址为 192.168.1.1/24，网关为 192.168.1.2。

PC2 的 IP 地址为 192.168.4.2/24，网关为 192.168.4.1。

2. 配置端口 IP 地址

- Router1 的配置如下。

```
Ruijie#config terminal
Ruijie(config)#hostname Router1
Router1(config)#int Fa 0/0
Router1(config-if-FastEthernet 0/0)#ip address 192.168.1.2 255.255.255.0
Router1(config-if-FastEthernet 0/0)#exit
Router1(config)#int Fa 0/1
Router1(config-if-FastEthernet 0/1)#ip address 192.168.2.1 255.255.255.0
Router1(config-if-FastEthernet 0/1)#exit
Router1(config)#
```

- Router2 的配置如下。

```
Ruijie#config terminal
Ruijie(config)#hostname Router2
Router2(config)#int Fa 0/0
Router2(config-if-FastEthernet 0/0)#ip address 192.168.2.2 255.255.255.0
Router2(config-if-FastEthernet 0/0)#exit
Router2(config)#int Fa 0/1
Router2(config-if-FastEthernet 0/1)#ip address 192.168.3.1 255.255.255.0
Router2(config-if-FastEthernet 0/1)#exit
```

- Router3 的配置如下。

```
Ruijie#config terminal
Ruijie(config)#hostname Router3
Router3(config)#int Fa 0/0
Router3(config-if-FastEthernet 0/0)#ip address 192.168.3.2 255.255.255.0
Router3(config-if-FastEthernet 0/0)#exit
Router3(config)#int Fa 0/1
Router3(config-if-FastEthernet 0/1)#ip address 192.168.4.1 255.255.255.0
Router3(config-if-FastEthernet 0/1)#exit
```

3. 配置 OSPF

- Router1 的配置如下。

```
Router1(config)#router ospf 100          ! 创建 OSPF 协议
Router1(config-router)#network 192.168.1.0 0.0.0.255 area 0
Router1(config-router)#network 192.168.2.0 0.0.0.255 area 0
                                                     ! 通告直连端口
Router1(config-router)#end
```

● Router2 的配置如下。

```
Router2(config)#router ospf 100          ！ 创建 OSPF 协议
Router2(config-router)#network 192.168.2.0 0.0.0.255 area 0
Router2(config-router)#network 192.168.3.0 0.0.0.255 area 1
                                                    ！ 通告直连端口
Router2(config-router)#end
```

● Router3 的配置如下。

```
Router3(config)#router ospf 100          ！ 创建 OSPF 协议
Router3(config-router)#network 192.168.3.0 0.0.0.255 area 1
Router3(config-router)#network 192.168.4.0 0.0.0.255 area 1
                                                    ！ 通告直连端口
Router3(config-router)#end
```

备注：多区域需要有 Area 0，且其他 Area 要和 Area 0 相连。邻居的 Area 编号要一致，且同一个设备可以在多个 Area 中。

4. 验证

（1）PC1 和 PC2 之间可以互相 Ping 通。

（2）查看路由信息。

● 查看 Router1、Router2 和 Router3 链路状态数据库，如图 4-1-13 至图 4-1-15 所示。

```
router1#show ip ospf database
 OSPF Router with ID (192.168.2.1) (Process ID 100)
                Router Link States (Area 0.0.0.0)
Link ID         ADV Router      Age   Seq#        CkSum  Link count
192.168.2.1     192.168.2.1     151   0x80000009  0x0a14 2
192.168.3.1     192.168.3.1     653   0x8000000a  0xc7cc 1
192.168.4.1     192.168.4.1     1443  0x80000006  0x2ee8 2
                Network Link States (Area 0.0.0.0)
Link ID         ADV Router      Age   Seq#        CkSum
192.168.2.1     192.168.2.1     151   0x80000004  0x950f
                Summary Link States (Area 0.0.0.0)
Link ID         ADV Router      Age   Seq#        CkSum  Route
192.168.3.0     192.168.3.1     659   0x80000001  0x7b07 192.168.3.0/24
192.168.4.0     192.168.3.1     585   0x80000001  0x7a06 192.168.4.0/24
```

图 4-1-13　Router1 链路状态数据库

```
router2#show ip ospf database
      OSPF Router with ID (192.168.3.1) (Process ID 100)
                Router Link States (Area 0.0.0.0)
Link ID         ADV Router      Age   Seq#        CkSum  Link count
192.168.2.1     192.168.2.1     179   0x80000009  0x0a14 2
192.168.3.1     192.168.3.1     680   0x8000000a  0xc7cc 1
192.168.4.1     192.168.4.1     1470  0x80000006  0x2ee8 2
                Network Link States (Area 0.0.0.0)
Link ID         ADV Router      Age   Seq#        CkSum
192.168.2.1     192.168.2.1     179   0x80000004  0x950f
                Summary Link States (Area 0.0.0.0)
Link ID         ADV Router      Age   Seq#        CkSum  Route
192.168.3.0     192.168.3.1     686   0x80000001  0x7b07 192.168.3.0/24
192.168.4.0     192.168.3.1     612   0x80000001  0x7a06 192.168.4.0/24
                Router Link States (Area 0.0.0.1)
Link ID         ADV Router      Age   Seq#        CkSum  Link count
192.168.3.1     192.168.3.1     614   0x80000005  0xe3b3 1
192.168.4.1     192.168.4.1     608   0x80000006  0x38dd 2
                Network Link States (Area 0.0.0.1)
Link ID         ADV Router      Age   Seq#        CkSum
192.168.3.2     192.168.4.1     620   0x80000001  0x8a17
                Summary Link States (Area 0.0.0.1)
Link ID         ADV Router      Age   Seq#        CkSum  Route
192.168.1.0     192.168.3.1     686   0x80000001  0x9be7 192.168.1.0/24
```

图 4-1-14　Router2 链路状态数据库

```
router3#show ip ospf database
           OSPF Router with ID (192.168.4.1) (Process ID 100)
                    Router Link States (Area 0.0.0.1)
Link ID          ADV Router      Age     Seq#        CkSum  Link count
192.168.3.1      192.168.3.1     635     0x80000005  0xe3b3 1
192.168.4.1      192.168.4.1     628     0x80000006  0x38dd 2
                    Network Link States (Area 0.0.0.1)
Link ID          ADV Router      Age     Seq#        CkSum
192.168.3.2      192.168.4.1     640     0x80000001  0x8a17
                    Summary Link States (Area 0.0.0.1)
Link ID          ADV Router      Age     Seq#        CkSum  Route
192.168.1.0      192.168.3.1     707     0x80000001  0x9be7  192.168.1.0/24
192.168.2.0      192.168.3.1     707     0x80000001  0x86fc  192.168.2.0/24
```

图 4-1-15 Router3 链路状态数据库

● 查看 Router1、Router2 和 Router3 的路由信息，如图 4-1-16 至图 4-1-18 所示。

```
router1#show ip route
Codes: C - connected, S - static, R - RIP, B - BGP
       O - OSPF, IA - OSPF inter area
       N1 - OSPF NSSA external type 1, N2 - OSPF NSSA external type 2
       E1 - OSPF external type 1, E2 - OSPF external type 2
       i - IS-IS, su - IS-IS summary, L1 - IS-IS level-1, L2 - IS-IS level-2
       ia - IS-IS inter area, * - candidate default
Gateway of last resort is no set
C    192.168.1.0/24 is directly connected, FastEthernet 0/0
C    192.168.1.2/32 is local host.
C    192.168.2.0/24 is directly connected, FastEthernet 0/1
C    192.168.2.1/32 is local host.
O IA 192.168.3.0/24 [110/2] via 192.168.2.2, 00:24:20, FastEthernet 0/1
O IA 192.168.4.0/24 [110/3] via 192.168.2.2, 00:23:11, FastEthernet 0/1
```

图 4-1-16 Router1 的路由信息

```
router2#show ip route
Codes: C - connected, S - static, R - RIP, B - BGP
       O - OSPF, IA - OSPF inter area
       N1 - OSPF NSSA external type 1, N2 - OSPF NSSA external type 2
       E1 - OSPF external type 1, E2 - OSPF external type 2
       i - IS-IS, su - IS-IS summary, L1 - IS-IS level-1, L2 - IS-IS level-2
       ia - IS-IS inter area, * - candidate default
Gateway of last resort is no set
O    192.168.1.0/24 [110/2] via 192.168.2.1, 01:40:13, FastEthernet 0/0
C    192.168.2.0/24 is directly connected, FastEthernet 0/0
C    192.168.2.2/32 is local host.
C    192.168.3.0/24 is directly connected, FastEthernet 0/1
C    192.168.3.1/32 is local host.
O    192.168.4.0/24 [110/2] via 192.168.3.2, 00:23:28, FastEthernet 0/1
```

图 4-1-17 Router2 的路由信息

```
router3#show ip route
Codes: C - connected, S - static, R - RIP, B - BGP
       O - OSPF, IA - OSPF inter area
       N1 - OSPF NSSA external type 1, N2 - OSPF NSSA external type 2
       E1 - OSPF external type 1, E2 - OSPF external type 2
       i - IS-IS, su - IS-IS summary, L1 - IS-IS level-1, L2 - IS-IS level-2
       ia - IS-IS inter area, * - candidate default
Gateway of last resort is no set
O IA 192.168.1.0/24 [110/3] via 192.168.3.1, 00:23:40, FastEthernet 0/0
O IA 192.168.2.0/24 [110/2] via 192.168.3.1, 00:23:40, FastEthernet 0/0
C    192.168.3.0/24 is directly connected, FastEthernet 0/0
C    192.168.3.2/32 is local host.
C    192.168.4.0/24 is directly connected, FastEthernet 0/1
C    192.168.4.1/32 is local host.
```

图 4-1-18 Router3 的路由信息

备注：对于多区域 OSPF 动态路由协议，LSA1 和 LSA2 是区域内产生的，LSA3 是区域间产生的。区域内部的路由信息以"O"开头，而 LSA3 学习到的路由以"O IA"开头。

小贴士

限于实训环境和条件，用户也可以使用华为 eNSP 模拟器，完成上述实训操作，扫描右方二维码，阅读配套的实训过程文档。

综合实训 16

任务4.2 配置路由重发布技术

4.2.1 路由重发布

在大型网络中，可能使用到多种路由协议，但正常情况下，不同路由协议之间不会相互学习。例如，路由器不会把静态路由通过 OSPF 动态路由协议告诉给邻居。

为了实现多种路由协议的协同工作，路由器可以使用路由重发布技术，将其学习到的一种路由协议的路由，通过另一种路由协议广播出去，这样网络的所有部分都可以连通了。

为了实现重发布，边界路由器必须同时运行多种路由协议，这样，每种路由协议才可以获取路由表中的所有或部分其他协议的路由。

路由重发布的状况有以下三种。

● 把静态路由重发布到动态路由中。

● 把直连路由重发布到动态路由中。

● 把动态路由协议重发布到另一个动态路由协议中，此时一般使用双向重发布。

需要注意的是，动态路由协议不能重发布到静态路由中。

在如图 4-2-1 所示的校园网中，如果内网设备数量较多，则一般使用动态路由协议，目前大部分校园网使用 OSPF 协议，而为了减小出口路由器的负担，在出口设备和核心设备上配置了静态路由。核心交换机的路由表中有默认路由和动态路由。

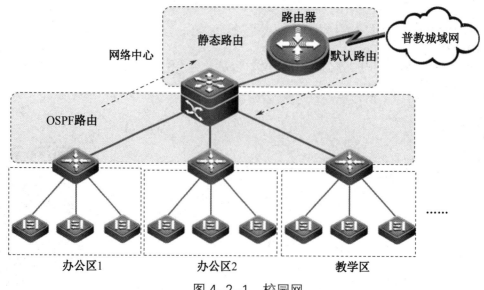

图 4-2-1 校园网

此时，需要在核心交换机上做重发布，将默认路由重发布到动态路由协议中，否则核心交换机不会将默认路由通过动态路由协议告诉给汇聚交换机。因此，汇聚交换机上学习不到默认路由，数据也就无法访问外网。

4.2.2 使用 RIP 协议的路由重发布

在实施 RIP 协议时，由于不同的路由协议之间无法相互学习路由，必须实施路由重发布。重发布时可以指定引入的外部路由的跳数，如果不特别指定，则默认重发布路由在 RIP 中的跳数为 1，RIP 路由和 OSPF 路由重发布如图 4-2-2 所示。

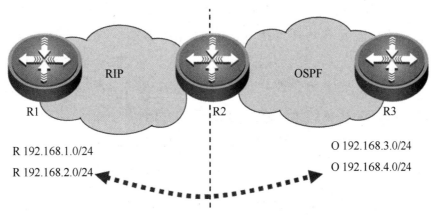

R 192.168.1.0/24
R 192.168.2.0/24

O 192.168.3.0/24
O 192.168.4.0/24

图 4-2-2　RIP 路由和 OSPF 路由重发布

重发布的命令如下。

```
Ruijie(config)#router rip
Ruijie(config-router)#redistribute connect | static | ospf process-id
[subnets] [metric metric]
```

如果将静态路由重发布到 RIP，则配置"static"参数，其余类似。

部署路由重发布，需要注意以下几点。

● 如果要将子网重发布到 RIP 中，则需要添加"subnets"参数。例如，将路由表中静态路由条目 172.16.10.0/24 重发布到 RIP 中，由于 172.16.10.0/24 是子网，因此重发布时需要配置 subnets 参数。

● 默认重发布在 RIP 中路由的"metric"参数为 1，可使用"metric *metric*"命令进行修改。

● 如果要将默认路由通过 RIP 发给其他路由器，则需要使用以下命令。

```
Ruijie(config-router)#default-information origin
```

4.2.3 使用 OSPF 协议的路由重发布

在 OSPF 协议中，重发布可以将其他路由协议或 OSPF 协议加到该 OSPF 进程中。在

NSSA、totally NSSA 等特殊区域中，使用 7 类 LSA 来转发该路由。在路由表中用"O E2、O E1、O N2、O N1"表示。

OSPF 路由重发布配置在边界路由器上，通过重发布引入其他路由协议。在 ASBR 路由器上进行重发布后，ASBR 路由器会发送 5 类或 7 类 LSA，并发送该路由信息。

重发布直连路由、静态路由、RIP、其他 OSPF 动态路由等，配置命令如下。

```
Ruijie(config)#router ospf process-id
Ruijie(config-router)#redistribute 协议进程号 [subnets] [metric metric]
[metric-type type]
```

OSPF 协议重发布有以下特点。

- 重发布默认类型是 O E2，使用"metric-type 1"参数可以强制指定为 O E1。
- 如果需要重发布子网，则需要加"subnets"参数。
- 默认在 OSPF 中重发布的路由的"metric"参数为 20，可使用"metric metric"命令进行修改。
- 如果要修改 metric 的类型，则可使用"metric-type type"命令进行修改。默认使用 O E2 类型。O E2 和 O E1 的区别主要在于 O E2 计算 metric 时只计算外部开销，而 O E1 计算内部开销加外部开销。也就是说，O E2 的路由条目在 OSPF 网络中传送时 metric 不变，而 O E1 路由条目在 OSPF 网络中传送时 metirc 会增加。
- 默认路由以特殊的命令引入。

引入默认路由的命令为：

```
Ruijie(config)#router ospf process-id
Ruijie(config-router)#default-information originate [always]
```

引入的默认路由"metric"参数默认为 1，可以使用"metric metric"命令修改。

默认情况下，只有当路由表有默认路由时才会引入这个默认路由；使用"always"命令时，路由表中有无默认路由都重发布。

【综合实训 17】配置 RIP 中路由重发布

网络场景

RIP 协议路由重发布示意图如图 4-2-3 所示，顶新一公司有两栋楼、顶新二公司有一栋楼，Router1 和 Router2 为顶新一公司的两台路由器，Router3 为顶新二公司的路由器。PC1 连接到 Router1 的 Fa0/0 端口，Router1 的 Fa0/1 端口连接到 Router2 的 Fa0/0 端口，Router2 的 Fa0/1 端口连接到 Router3 的 Fa0/0 端口，Router3 的 Fa0/1 端口连接到 PC2。PC1 的 IP 地址为 192.168.1.1/24，网关为 192.168.1.2。

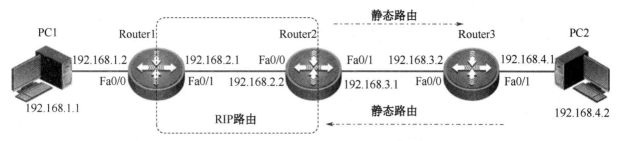

图 4-2-3　RIP 协议路由重发布示意图

Router1 的 Fa0/0 端口的 IP 地址为 192.168.1.2/24，Fa0/1 端口的 IP 地址为 192.168.2.1/24。
Router2 的 Fa0/0 端口的 IP 地址为 192.168.2.2/24，Fa0/1 端口的 IP 地址为 192.168.3.1/24。
Router3 的 Fa0/0 端口的 IP 地址为 192.168.3.2/24，Fa0/1 端口的 IP 地址为 192.168.4.1/24。
PC2 的 IP 地址为 192.168.4.2/24。

其中，顶新一公司使用 RIP 协议，顶新一公司和二公司均使用静态路由协议，使 PC1 和 PC2 可以互相通信。

备注 1: 根据实训设备配置情况，选择设备对应端口名称，如 Fa0/1 或 Gi0/1。如果使用锐捷模拟器搭建环境配置，需要在以下配置中将端口名称做相应修改。在锐捷模拟器中，路由器的三层端口也需要使用 "no switch" 命令，切换到三层端口配置模式，然后才可以配置 IP 地址。

备注 2: 根据实训设备配置情况，本实训也可以使用三台交换机完成实训过程。

实施过程

1. PC1 和 PC2 的 IP 地址和网关的配置

PC1 的 IP 地址为 192.168.1.1/24，网关为 192.168.1.2。
PC2 的 IP 地址为 192.168.4.2/24，网关为 192.168.4.1。

2. 配置端口 IP 地址

● Router1 的配置如下。

```
Ruijie#config terminal
Ruijie(config)#hostname Router1
Router1(config)#int Fa 0/0
Router1(config-if-FastEthernet 0/0)#ip address 192.168.1.2 255.255.255.0
Router1(config-if-FastEthernet 0/0)#exit
Router1(config)#int Fa 0/1
Router1(config-if-FastEthernet 0/1)#ip address 192.168.2.1 255.255.255.0
Router1(config-if-FastEthernet 0/1)#exit
```

● Router2 的配置如下。

```
Ruijie#config terminal
Enter configuration commands, one per line. End with CNTL/Z.
Ruijie(config)#hostname Router2
Router2(config)#int Fa 0/0
```

```
Router2(config-if-FastEthernet 0/0)#ip address 192.168.2.2 255.255.255.0
Router2(config-if-FastEthernet 0/0)#exit
Router2(config)#int Fa 0/1
Router2(config-if-FastEthernet 0/1)#ip address 192.168.3.1 255.255.255.0
Router2(config-if-FastEthernet 0/1)#exit
```

- Router3 的配置如下。

```
Ruijie#configure terminal
Ruijie(config)#hostname Router3
Router3(config)#int Fa 0/0
Router3(config-if-FastEthernet 0/0)#ip address 192.168.3.2 255.255.255.0
Router3(config-if-FastEthernet 0/0)#exit
Router3(config)#int Fa 0/1
Router3(config-if-FastEthernet 0/1)#ip address 192.168.4.1 255.255.255.0
Router3(config-if-FastEthernet 0/1)#exit
```

3. 配置 RIP 路由协议

- Router1 的配置如下。

```
Router1(config)#router rip
Router1(config-router)#version 2
Router1(config-router)#no auto-summary
Router1(config-router)#network 192.168.2.0
Router1(config-router)#end
```

备注：Router1 不通告 192.168.1.0/24 网段，该网段进行重发布。

- Router2 的配置如下。

```
Router2(config)#rout rip
Router2(config-router)#version 2
Router2(config-router)#no auto-summary
Router2(config-router)#network 192.168.2.0
Router2(config-router)#network 192.168.3.0
Router2(config-router)#exit
```

4. 配置静态路由

- Router2 的配置如下。

```
Router2(config)#ip route 192.168.4.0 255.255.255.0 192.168.3.2
```

- Router3 的配置如下。

```
Router3(config)#ip route 192.168.1.0 255.255.255.0 192.168.3.1
Router3(config)#ip route 192.168.2.0 255.255.255.0 192.168.3.1
```

备注：可以在 Router3 上进行路由汇总。

5. 在 RIP 中进行重发布

- Router1 重发布直连路由。

```
Router1(config)#router rip
Router1(config-router)#version 2
Router1(config-router)#redistribute connected
```
！把没有发布的直连路由注入 RIP

- Router2 重发布静态路由。

```
Router2(config)#router rip
Router2(config-router)#version 2
Router2(config-router)#redistribute static    ！把外部的静态路由注入 RIP
```

备注：重发布时可以修改 metric 值。

6. 验证

（1）PC1 和 PC2 可以互相 Ping 通。

（2）查看 Router1 和 Router2 的路由信息，如图 4-2-4 和图 4-2-5 所示。

```
router1#show ip route
Codes: C - connected, S - static, R - RIP, B - BGP
       O - OSPF, IA - OSPF inter area
       N1 - OSPF NSSA external type 1, N2 - OSPF NSSA external type 2
       E1 - OSPF external type 1, E2 - OSPF external type 2
       i - IS-IS, su - IS-IS summary, L1 - IS-IS level-1, L2 - IS-IS level-2
       ia - IS-IS inter area, * - candidate default
Gateway of last resort is no set
C    192.168.1.0/24 is directly connected, FastEthernet 0/0
C    192.168.1.2/32 is local host.
C    192.168.2.0/24 is directly connected, FastEthernet 0/1
C    192.168.2.1/32 is local host.
R    192.168.3.0/24 [120/1] via 192.168.2.2, 00:56:46, FastEthernet 0/1
R    192.168.4.0/24 [120/1] via 192.168.2.2, 00:01:27, FastEthernet 0/1
```

图 4-2-4　Router1 的路由信息

```
router2#show ip route
Codes: C - connected, S - static, R - RIP, B - BGP
       O - OSPF, IA - OSPF inter area
       N1 - OSPF NSSA external type 1, N2 - OSPF NSSA external type 2
       E1 - OSPF external type 1, E2 - OSPF external type 2
       i - IS-IS, su - IS-IS summary, L1 - IS-IS level-1, L2 - IS-IS level-2
       ia - IS-IS inter area, * - candidate default
Gateway of last resort is no set
R    192.168.1.0/24 [120/1] via 192.168.2.1, 00:02:41, FastEthernet 0/0
C    192.168.2.0/24 is directly connected, FastEthernet 0/0
C    192.168.2.2/32 is local host.
C    192.168.3.0/24 is directly connected, FastEthernet 0/1
C    192.168.3.1/32 is local host.
S    192.168.4.0/24 [1/0] via 192.168.3.2
```

图 4-2-5　Router2 的路由信息

如果此时 Router3 上添加了多个网段，则在 Router2 上配置一条默认路由指向 Router3。

- Router2 的配置如下。

```
Router2(config)#ip route 0.0.0.0 0.0.0.0 192.168.3.2 ！配置默认路由
Router2(config)#router rip
Router2(config-router)#default-information originate ！重发布默认路由协议
Router2(config-router)#end
```

查看 Router1 和 Router2 的路由信息，如图 4-2-6 和图 4-2-7 所示。

```
router1#show ip route
Codes: C - connected, S - static, R - RIP, B - BGP
       O - OSPF, IA - OSPF inter area
       N1 - OSPF NSSA external type 1, N2 - OSPF NSSA external type 2
       E1 - OSPF external type 1, E2 - OSPF external type 2
       i - IS-IS, su - IS-IS summary, L1 - IS-IS level-1, L2 - IS-IS level-2
       ia - IS-IS inter area, * - candidate default
Gateway of last resort is 192.168.2.2 to network 0.0.0.0
R*   0.0.0.0/0 [120/1] via 192.168.2.2, 00:02:23, FastEthernet 0/1
C    192.168.1.0/24 is directly connected, FastEthernet 0/0
C    192.168.1.2/32 is local host.
C    192.168.2.0/24 is directly connected, FastEthernet 0/1
C    192.168.2.1/32 is local host.
R    192.168.3.0/24 [120/1] via 192.168.2.2, 01:06:47, FastEthernet 0/1
R    192.168.4.0/24 [120/1] via 192.168.2.2, 00:11:28, FastEthernet 0/1
```

图 4-2-6　Router1 的路由信息

```
router2#show ip route
Codes: C - connected, S - static, R - RIP, B - BGP
       O - OSPF, IA - OSPF inter area
       N1 - OSPF NSSA external type 1, N2 - OSPF NSSA external type 2
       E1 - OSPF external type 1, E2 - OSPF external type 2
       i - IS-IS, su - IS-IS summary, L1 - IS-IS level-1, L2 - IS-IS level-2
       ia - IS-IS inter area, * - candidate default
Gateway of last resort is 192.168.3.2 to network 0.0.0.0
S*   0.0.0.0/0 [1/0] via 192.168.3.2
R    192.168.1.0/24 [120/1] via 192.168.2.1, 00:13:11, FastEthernet 0/0
C    192.168.2.0/24 is directly connected, FastEthernet 0/0
C    192.168.2.2/32 is local host.
C    192.168.3.0/24 is directly connected, FastEthernet 0/1
C    192.168.3.1/32 is local host.
S    192.168.4.0/24 [1/0] via 192.168.3.2
```

图 4-2-7　Router2 的路由信息

小贴士

限于实训环境和条件，用户也可以使用华为 eNSP 模拟器，完成上述实训操作，扫描下方二维码，阅读配套的实训过程文档。

综合实训 17

【综合实训 18】配置 OSPF 路由重发布

网络场景

OSPF 重发布示意图如图 4-2-8 所示，顶新一公司有两栋楼，顶新二公司有一栋楼，Router1 和 Router2 为顶新一公司的两台路由器，Router3 为顶新二公司的路由器。PC1 连接到 Router1 的 Fa0/0 端口，Router1 的 Fa0/1 端口连接到 Router2 的 Fa0/0 端口，Router2 的 Fa0/1 端口连接到 Router3 的 Fa0/0 端口，Router3 的 Fa0/1 端口连接到 PC2。PC1 的 IP 地址为 192.168.1.1/24，网关为 192.168.1.2。

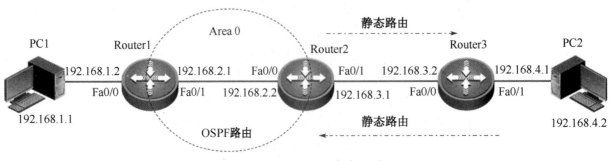

图 4-2-8　OSPF 重发布示意图

Router1 的 Fa0/0 端口的 IP 地址为 192.168.1.2/24，Fa0/1 端口的 IP 地址为 192.168.2.1/24。

Router2 的 Fa0/0 端口的 IP 地址为 192.168.2.2/24，Fa0/1 端口的 IP 地址为 192.168.3.1/24。

Router3 的 Fa0/0 端口的 IP 地址为 192.168.3.2/24，Fa0/1 端口的 IP 地址为 192.168.4.1/24。

PC2 的 IP 地址为 192.168.4.2/24。

其中，顶新一公司使用 OSPF 协议，顶新一公司和二公司均使用静态路由协议，使 PC1 和 PC2 可以互相通信。

备注 1：根据实训设备配置情况，选择设备对应端口名称，如 Fa0/1 或 Gi0/1。如果使用锐捷模拟器搭建环境配置，需要在以下配置中将端口名称做相应修改。在锐捷模拟器中，路由器的三层端口也需要使用 "no switch" 命令，切换到三层端口配置模式，然后才可以配置 IP 地址。

备注 2：根据实训设备配置情况，本实训也可以使用三台交换机完成实训过程。

实施过程

1. PC1 和 PC2 的 IP 地址和网关的配置

PC1 的 IP 地址为 192.168.1.1/24，网关为 192.168.1.2。

PC2 的 IP 地址为 192.168.4.2/24，网关为 192.168.4.1。

2. 配置端口 IP 地址

- Router1 的配置如下。

```
Ruijie#config terminal
Ruijie(config)#hostname Router1
Router1(config)#int Fa 0/0
Router1(config-if-FastEthernet 0/0)#ip address 192.168.1.2 255.255.255.0
Router1(config-if-FastEthernet 0/0)#exit
Router1(config)#int Fa 0/1
Router1(config-if-FastEthernet 0/1)#ip address 192.168.2.1 255.255.255.0
Router1(config-if-FastEthernet 0/1)#exit
```

- Router2 的配置如下。

```
Ruijie#config terminal
Ruijie(config)#hostname Router2
Router2(config)#int Fa 0/0
Router2(config-if-FastEthernet 0/0)#ip address 192.168.2.2 255.255.255.0
Router2(config-if-FastEthernet 0/0)#exit
Router2(config)#int Fa 0/1
Router2(config-if-FastEthernet 0/1)#ip address 192.168.3.1 255.255.255.0
Router2(config-if-FastEthernet 0/1)#exit
```

- Router3 的配置如下。

```
Ruijie#configure terminal
```

```
Ruijie(config)#hostname Router3
Router3(config)#int Fa 0/0
Router3(config-if-FastEthernet 0/0)#ip address 192.168.3.2 255.255.255.0
Router3(config-if-FastEthernet 0/0)#exit
Router3(config)#int Fa 0/1
Router3(config-if-FastEthernet 0/1)#ip address 192.168.4.1 255.255.255.0
Router3(config-if-FastEthernet 0/1)#exit
```

3. 配置 OSPF 路由协议

● Router1 的配置如下。

```
Router1(config)#router ospf 100
Router1(config-router)#network 192.168.2.0 0.0.0.255 area 0
Router1(config-router)#exit
```

备注：Router1 不通告 192.168.1.0/24 网段，该网段进行重发布。

● Router2 的配置如下。

```
Router2(config)#router ospf 100
Router2(config-router)#network 192.168.2.0 0.0.0.255 area 0
Router2(config-router)#network 192.168.3.0 0.0.0.255 area 0
Router2(config-router)#exit
```

4. 配置静态路由

● Router2 的配置如下。

```
Router2(config)#ip route 192.168.4.0 255.255.255.0 192.168.3.2
```

● Router3 的配置如下。

```
Router3(config)#ip route 192.168.1.0 255.255.255.0 192.168.3.1
Router3(config)#ip route 192.168.2.0 255.255.255.0 192.168.3.1
```

备注：可以在 Router3 上进行路由汇总。

5. 在 OSPF 中进行重发布

● Router1 重发布直连路由。

```
Router1(config)#router ospf 100
Router1(config-router)#redistribute connect subnet  ! 重发布直连路由
```

● Router2 重发布静态路由。

```
Router2(config)#router ospf 100
Router2(config-router)#redistribute static metric 5   ! 重发布静态路由
% Only classful networks will be redistributed
Router2(config-router)#end
Router2#
```

备注：重发布时将 metric 值修改为 5，重发布子网需要添加 "subnets" 参数。

6. 验证

PC1 和 PC2 可以互相 Ping 通。

7. 重发布默认路由

在 Router2 上配置默认路由指向 Router3，并将该默认路由重发布到 OSPF 协议中。

```
Router2(config)#ip route 0.0.0.0 0.0.0.0 192.168.3.2   ! 配置默认路由
Router2(config)#router ospf 100
Router2(config-router)#default-information originate
                                              ! 将默认路由加入 OSPF 协议
Router2(config-router)#end
```

8. 查看路由器链路状态信息

Router1 和 Router2 的链路状态信息如图 4-2-9 和图 4-2-10 所示。

```
router1#show ip ospf database
            OSPF Router with ID (192.168.2.1) (Process ID 100)
              Router Link States (Area 0.0.0.0)
Link ID          ADV Router       Age  Seq#      CkSum Link count
192.168.2.1      192.168.2.1      623  0x80000004 0xe4b6 1
192.168.3.1      192.168.3.1      932  0x80000007 0x23f4 2
              Network Link States (Area 0.0.0.0)
Link ID          ADV Router       Age  Seq#      CkSum
192.168.2.2      192.168.3.1      1084 0x80000001 0x861f
              AS External Link States
Link ID          ADV Router       Age  Seq#      CkSum Route           Tag
0.0.0.0          192.168.3.1      160  0x80000001 0x4849 E2 0.0.0.0/0    100
192.168.1.0      192.168.2.1      622  0x80000001 0xce19 E2 192.168.1.0/24 0
192.168.4.0      192.168.3.1      931  0x80000001 0x8301 E2 192.168.4.0/24 0
```

图 4-2-9　Router1 的链路状态信息

```
router2#show ip ospf database
            OSPF Router with ID (192.168.3.1) (Process ID 100)
              Router Link States (Area 0.0.0.0)
Link ID          ADV Router       Age  Seq#      CkSum Link count
192.168.2.1      192.168.2.1      641  0x80000004 0xe4b6 1
192.168.3.1      192.168.3.1      948  0x80000007 0x23f4 2
              Network Link States (Area 0.0.0.0)
Link ID          ADV Router       Age  Seq#      CkSum
192.168.2.2      192.168.3.1      1100 0x80000001 0x861f
              AS External Link States
Link ID          ADV Router       Age  Seq#      CkSum Route           Tag
0.0.0.0          192.168.3.1      176  0x80000001 0x4849 E2 0.0.0.0/0    100
192.168.1.0      192.168.2.1      640  0x80000001 0xce19 E2 192.168.1.0/24 0
192.168.4.0      192.168.3.1      947  0x80000001 0x8301 E2 192.168.4.0/24 0
```

图 4-2-10　Router2 的链路状态信息

9. 查看路由信息

Router1 和 Router2 的路由信息如图 4-2-11 和图 4-2-12 所示。

```
router1#show ip route
Codes: C - connected, S - static, R - RIP, B - BGP
       O - OSPF, IA - OSPF inter area
       N1 - OSPF NSSA external type 1, N2 - OSPF NSSA external type 2
       E1 - OSPF external type 1, E2 - OSPF external type 2
       i - IS-IS, su - IS-IS summary, L1 - IS-IS level-1, L2 - IS-IS level-2
       ia - IS-IS inter area, * - candidate default
Gateway of last resort is 192.168.2.2 to network 0.0.0.0
O*E2 0.0.0.0/0 [110/1] via 192.168.2.2, 00:06:49, FastEthernet 0/1
C    192.168.1.0/24 is directly connected, FastEthernet 0/0
C    192.168.1.2/32 is local host.
C    192.168.2.0/24 is directly connected, FastEthernet 0/1
C    192.168.2.1/32 is local host.
O    192.168.3.0/24 [110/2] via 192.168.2.2, 00:22:02, FastEthernet 0/1
O E2 192.168.4.0/24 [110/5] via 192.168.2.2, 00:19:41, FastEthernet 0/1
```

图 4-2-11　Router1 的路由信息

```
router2#show ip route
Codes: C - connected, S - static, R - RIP, B - BGP
       O - OSPF, IA - OSPF inter area
       N1 - OSPF NSSA external type 1, N2 - OSPF NSSA external type 2
       E1 - OSPF external type 1, E2 - OSPF external type 2
       i - IS-IS, su - IS-IS summary, L1 - IS-IS level-1, L2 - IS-IS level-2
       ia - IS-IS inter area, * - candidate default
Gateway of last resort is 192.168.3.2 to network 0.0.0.0
S*   0.0.0.0/0 [1/0] via 192.168.3.2
O E2 192.168.1.0/24 [110/20] via 192.168.2.1, 00:14:44, FastEthernet 0/0
C    192.168.2.0/24 is directly connected, FastEthernet 0/0
C    192.168.2.2/32 is local host.
C    192.168.3.0/24 is directly connected, FastEthernet 0/1
C    192.168.3.1/32 is local host.
S    192.168.4.0/24 [1/0] via 192.168.3.2
```

图 4-2-12　　Router2 的路由信息

小贴士

限于实训环境和条件，用户也可以使用华为 eNSP 模拟器，完成上述实训操作，扫描下方二维码，阅读配套的实训过程文档。

综合实训 18

【认证测试】

以下选择题均为单选，请寻找正确的或最佳的答案。

1. 动态路由和静态路由相比，开销最大的是（　　　　）

   A. 静态路由　　B. 动态路由　　　C. 开销一样大

2. OSPF 路由协议与 RIP 路由协议相比优势表现在（　　　　）。

   A. 支持可变长子网掩码　　　　B. 路由协议使用组播技术

   C. 支持协议报文验证　　　　　D. 没有路由环

3. 目前使用最广泛的 IGP 协议是（　　　　）。

   A. RIP　　　　　　B. BGP　　　　　　C. IS-IS　　　　　　D. OSPF

4. 使用距离矢量路由算法的路由协议是（　　　　）。

   A. RIP　　　　　　B. IS-IS　　　　　　C. OSPF　　　　　　D. TCP

5. OSPF 每个区域中一般建议不超过（　　　　）台路由器。

   A. 50　　　　　　B. 100　　　　　　C. 150　　　　　　D. 200

6. 下列关于 OSPF 中 DR 的说法中，正确的是（　　）。

    A. 网段中 DR 一定是 priority 最大路由器

    B. 在广播和 NBMA 类型的端口上才会选举 DR

    C. DR 是针对路由器的端口而言的

    D. 两台 DROther 路由器之间不进行路由信息交换，也不互相发送 Hello 报文

7. OSPF 协议使用的组播地址是（　　）。

    A. 224.0.0.5　　B. 224.0.0.7　　　C. 224.0.0.9　　　D. 224.0.0.10

8. 在路由器中，OSPF 协议的路由优先级默认为（　　）。

    A. 1　　　　　　B. 10　　　　　　C. 15　　　　　　D. 20

9. 下列关于 OSPF 协议的叙述中，正确的是（　　）。

    A. 数据都是以组播方式发送的

    B. 一台路由器如果有路由更新，会立刻将自己的路由表向邻居传递

    C. 通过配置毒性反转特性，可以有效避免路由环路

    D. 可以支持多条等值路由

10. 下列选项中，不是 OSPF 协议特点的是（　　）。

    A. 支持区域划分　　　　　　　B. 支持验证

    C. 无路由自环　　　　　　　　D. 路由自动聚合

11. 下列关于 OSPF 中 Router ID 的论述中，正确的是（　　）。

    A. Router ID 是可有可无的

    B. Router ID 必须手动配置

    C. Router ID 是所有端口中 IP 地址最大的

    D. Router ID 可以由路由器自动选择

12. OSPF 协议的协议号是（　　）。

    A. 88　　　　　　B. 89　　　　　　C. 179　　　　　　D. 520

13. OSPF 计算 cost 主要依据（　　）参数。

    A. mtu　　　　　B. 跳数　　　　　C. 带宽　　　　　D. 延时

14. OSPF 协议是基于（　　）算法的。

    A. DV　　　　　B. SPF　　　　　C. HASH　　　　　D. 3DES

15. OSPF 协议中，关于 DR 和 BDR 的说法正确的是（　　）。

    A. DR 一定是网段中优先级最高的路由器

    B. 网络中一定要同时存在 DR 和 BDR

    C. 其他所有非 DR 路由器只和 DR 交换报文，非 DR 之间不需要交互报文

    D. 所有非 DR 路由器和 BDR 之间的稳定状态也是 Full

16. OSPF 协议中，当一个稳定的网络中加入一台优先级比原 DR 和 BDR 还要高的路由器时，该路由器会（　　）。

    A. 立刻成为 DR

    B. 立刻成为 BDR

    C. 等 DR 失效后，立刻成为 DR

    D. 成为 DROther 路由器

17. 当路由器通过 OSPF 协议学习到去往同一网络多条路径时，它会选择以下哪一条？（　　）

    A. 1　　　　　　　　　　　B. 2

    C. 3　　　　　　　　　　　D. 2 和 3 成为等值路由

18. OSPF 协议中错误的状态是（　　）。

    A. Down　　　　　　　　　B. 2-way

    C. Loading　　　　　　　　D. Full

19. 在 OSPF 中 Hello 报文的主要作用不包括（　　）。

    A. 发现邻居　　　　　　　　B. 协商参数

    C. 选举 DR 和 BDR　　　　D. 协商交换 DD 报文时的主从关系

项目5

配置路由器接入广域网

　　一期建设完成的北京延庆某中心小学校园网如图 5-1-1 所示,该校园网采用三层架构部署,使用高性能的交换机连接网络,从而保障了网络的稳定性,实现了校园网数据的高速传输。该校园网的出口部分将路由器接入北京市普教城域网中,需要通过路由技术实现全网的互联互通。

　　校园网在使用过程中,发现接入北京普教城域网的宽带速度严重受限,因此增加了一条中国电信宽带接入链路。

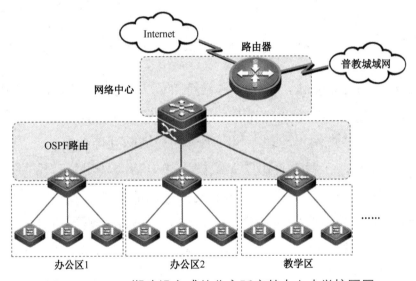

图 5-1-1　一期建设完成的北京延庆某中心小学校园网

本项目任务

　　任务 5.1　配置路由器广域网链路
　　任务 5.2　配置路由器广域网链路认证
　　任务 5.3　配置路由器 NAT 技术

任务 5.1 配置路由器广域网链路

5.1.1 广域网链路

局域网只能在一个相对比较短的距离内实现主机互连，当主机之间的距离较远时（如相隔几十或几百千米，甚至几千千米），局域网显然无法完成主机之间的通信任务。这时就需要另一种结构的网络，即广域网，如图 5-1-2 所示为广域网互连拓扑示意图。

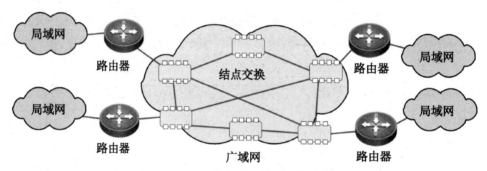

图 5-1-2　广域网互连拓扑示意图

广域网（Wide Area Network，WAN）通常跨接很大的物理范围，所覆盖的范围从几十千米到几千千米，它能连接多个城市或国家，或者横跨几个洲，并能提供远距离通信，形成国际性的远程网络。广域网将地理上相隔很远的局域网互连起来。

广域网的造价较高，一般都是由国家或较大的电信公司出资建造的。广域网是互联网的核心部分，其任务是通过长距离传输主机所发送的数据。连接广域网各结点交换机的链路都是高速链路，其距离可以是几千千米的光缆线路。需要澄清的一个概念是广域网不等于互联网。在互联网中，为不同类型、协议的网络"互连"才是它的主要特征，如图 5-1-3 所示。

广域网由一些结点交换机及连接它们的路由器的链路组成。结点交换机的任务是将分组存储转发，结点之间都是点到点连接的，但为了提高网络的可靠性，一个结点交换机往往与多个结点交换机相连。

广域网目前应用于大部分行业。在教育行业中主要应用于出口链路，在金融行业中主要应用于各级分行的互联，在政府中主要应用于各级部门的互连，如图 5-1-4 所示为广域网链路结构示意图。

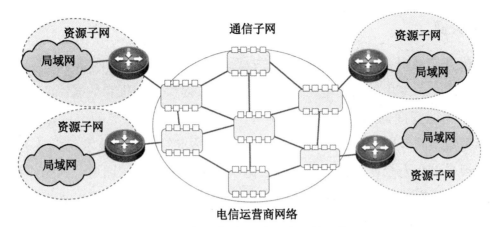

图 5-1-3 实现广域网"互连"的通信子网

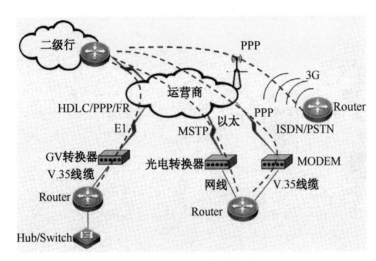

图 5-1-4 广域网链路结构示意图

广域网类型可分为专线、电路交换、分组交换、虚拟专用网络等类型。

1. 专线

专线,即由 ISP 为企业远程结点之间的通信提供点到点专有线路连接,为专用逻辑连接,永久在线,支持多种介质与速率,如图 5-1-5 所示为 DDN 数字数据网接入示意图。

图 5-1-5 DDN 数字数据网接入示意图

典型的专线技术有 DDN、E1、POS、MSTP 等。

2. 电路交换

电路交换是广域网所使用的一种交换方式，可以通过运营商网络为每次会话过程建立、维持和终止一条专用的物理电路。电路交换可以提供数据报和数据流两种传送方式。电路交换在电信运营商的网络中被广泛使用，其操作过程与普通的电话拨叫过程非常相似。综合业务数字网（ISDN）是一种采用电路交换技术的广域网技术。

电路交换是 ISP 为企业远程结点间通信提供的临时数据传输通道，其操作特性类似电话拨号技术，即逻辑连接，按需拨号。传输介质主要为电话线，也可以为光纤，其带宽主要为 56 kbit/s、64 kbit/s、128 kbit/s、2 Mbit/s 等，稳定性较差，配置与维护较复杂。

典型的电路交换技术有 PSTN 模拟拨号和 ISDN 数字拨号等，ISDN 一线通接入技术如图 5-1-6 所示。

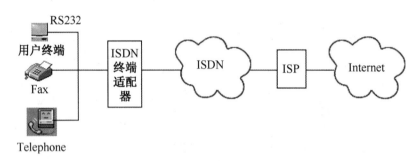

图 5-1-6　ISDN 一线通接入技术

3. 分组交换

分组交换是由 ISP 为企业多个远程结点间通信提供的一种共享物理链路的 WAN 技术。通信双方从 ISP 获取 VC 以建立逻辑连接，称为虚电路。一条物理链路上可以包含多条 VC，可根据数据帧的地址来进行路径的选择、共享技术，其费用较低，但安全性较差，配置复杂。

VC 是按照需求动态建立的，当数据传送结束时，电路会被自动终止。VC 上的通信过程包括 3 个阶段，即电路创建、数据传输和电路终止。其中，电路创建阶段主要在通信双方设备之间建立起虚拟电路，数据传输阶段通过虚拟电路在设备之间传送数据，电路终止阶段则是撤销在通信设备之间已经建立起来的虚拟电路。

另外一种的 SVC 主要适用于非经常性的数据传送网络，这是因为在电路创建和终止阶段 SVC 需要占用更多的网络带宽，但相对于永久性虚拟电路来说，SVC 的成本较低。

典型的分组交换技术有 FR、ATM、X.25 等，如图 5-1-7 所示为 ATM 数字用户环路专线示意图。

4. 虚拟专用网络

虚拟专用网络（Virtual Private Network，VPN）是指本地 LAN 和远程 LAN 通过宽带拨号或固定 IP 方式访问互联网，在两者之间建立二层或三层隧道穿越互联网，其主要用于穿越公网，提供数据加密、数据包完整性检验、身份认证等功能。VPN 具有安全、经济，且接入方便的特点。VPN 的典型类型有 L2TP VPN、IPSec VPN、SSL VPN、MPLS VPN 等，如图 5-1-8 所示为 VPN 的典型连接场景。

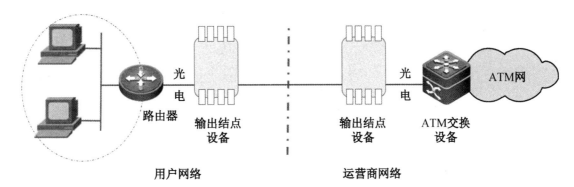

图 5-1-7 　ATM 数字用户环路专线示意图

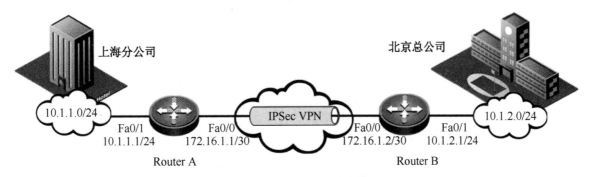

图 5-1-8 　VPN 的典型连接场景

5.1.2 配置路由器设备的 PPP

点对点链路提供的是一条预先建立的、从客户端经过运营商网络到达远端目标网络的广域网通信路径。一条点对点链路就是一条租用的专线，可以在数据收发双方之间，建立起永久性的固定连接。网络运营商负责点对点链路的维护和管理。

点对点链路可以提供两种数据传送方式：一种是数据报传送方式，该方式主要是将数据分割成一个个小的数据帧进行传送，其中每个数据帧都带有自己的地址信息，都需要进行地址校验；另一种是数据流传送方式，该方式与数据报传送方式不同，用数据流取代一个个的数据帧作为数据发送单位，整个数据流具有一个地址信息，只需要进行一次地址验证即可，如图 5-1-9 所示为一个典型的跨越广域网的点对点链路示意图。

1. 概述

点对点协议（Point-to-Point Protocol，PPP）是一种提供点到点链路传输，封装网络层数据包的数据链路层协议。这种链路提供全双工操作，并按照顺序传递数据包。点到点协议的设计目的主要是通过拨号或专线方式，建立点对点连接并发送数据，使其成为路由器之间简单连接的一种解决方案，PPP 应用场景如图 5-1-10 所示。

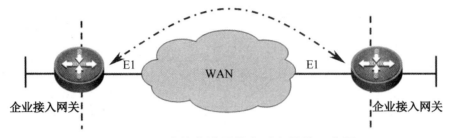

图 5-1-9　跨越广域网的点对点链路示意图

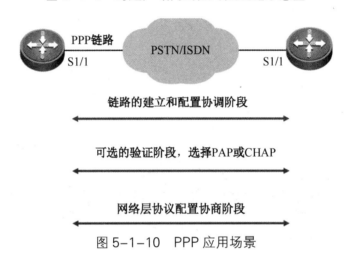

图 5-1-10　PPP 应用场景

PPP 支持差错检测和各种协议，在连接时 IP 地址可复制，具有身份验证功能，可以通过各种方式压缩数据，支持动态地址协商，支持多链路捆绑等。这些丰富的选项增强了 PPP 的功能，同时，不论是异步拨号线路，还是路由器之间的同步链路，均可使用。

PPP 不仅适用于拨号用户，还适用于租用的路由器对路由器线路。

PPP 是目前使用最广泛的广域网安全保障协议，这是因为它具有以下特性。

● 能够控制数据链路的建立。

● 能够对 IP 地址进行分配和使用。

● 允许同时采用多种网络层协议。

● 能够配置和测试数据链路。

● 能够进行错误检测。

● 有协商选项，能够对网络层的地址和数据压缩等进行协商。

2. PPP 链路协商过程

典型的 PPP 链路协商过程分为以下三个阶段。

（1）链路建立阶段。

（2）认证阶段（可选）。

（3）网络协商阶段。

PPP 链路协商过程如图 5-1-11 所示。其中，PPP 链路协商过程主要经过以下五个状态。

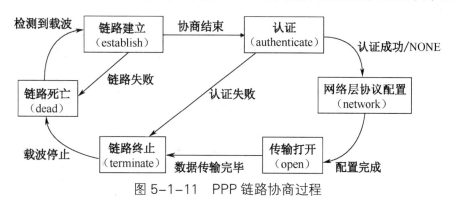

图 5-1-11　PPP 链路协商过程

（1）链路死亡状态（dead）。链路一定开始和结束于这个状态。当外部事件（如载波侦听或网络管理员设定）指出物理层已经准备就绪时，PPP 将进入链路建立状态。

（2）链路建立状态（establish）。在这个状态下，PPP 通过发送和接收链路配置报文（Configuration），协商具体的参数选项，当收到并发送 Configurations ACK 后，该状态结束，即打开链路。如果线路中断或配置失效，则返回链路死亡状态。

（3）认证状态（authenticate）。在这个状态下协商具体的认证参数，如是否认证、进行什么认证、认证的参数交换等，当认证通过或不需认证时开始网络层协议的协商，进入网络层协议配置状态，否则链路终止，最后回到链路死亡状态。

（4）网络层协议配置状态（network）。LCP 协商成功将进入 NCP 的协商阶段，在这个阶段将进行网络层协议的协商，每一种网络层协议（如 IP、IPX 和 AppleTalk）需要单独建立和配置一个 NCP，如果任意一个 NCP 协商不成功，则随时关闭该 NCP。NCP 协商通过后可以进行网络报文的通信。如果不成功，则关闭链路并进入链路终止状态，最后返回初始的链路死亡状态。

（5）链路终止状态（terminate）。因为链路失效、认证失败、链路质量状态失败、链路空闲时间超时及管理员关闭链路等原因，链路可能随时会进入链路终止状态。PPP 会在发送 Terminate-Request 并接收到 Terminate-ACK 以后进入该状态。

3. 配置 PPP 命令

路由器大部分广域网端口默认使用 HDLC，需使用 PPP 时要在两个路由器的 WAN 端口上手动指定端口类型。

基本配置命令如下。

```
Ruijie(config)#interface Serial interface          ! 进入路由器广域网端口
Ruijie(config-if-Serial 0/0)#encapsulation ppp     ! 配置端口协议为 PPP
```

【综合实训 19】配置路由器设备的 PPP

网络场景

如图 5-1-12 所示为配置路由器设备的 PPP 示意图，路由器 RA 和 RB 通过 S0/0 相连，现需要配置点到点协议使它们可以通信。

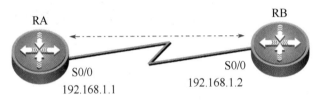

图 5-1-12　配置路由器设备的 PPP 示意图

备注 1: 根据实训设备配置情况，选择设备对应端口名称，如 S0/0 或 S1/0。锐捷模拟器没有广域网端口，无法完成该实训。普通的以太网端口不具有该项功能。

备注 2: 点对点的协议实训，路由器需要有 WAN 端口（V35 端口）和 V35 线缆。

实施过程

1. 方法一

● RA 上的配置如下。

```
Ruijie#config terminal
Ruijie(config)#hostname RA
RA(config)#int S0/0                                          ! 进入 S0/0 端口
RA(config-if-Serial 0/0)#encapsulation ppp                  ! 封装 PPP
RA(config-if-Serial 0/0)#ip add 192.168.1.1 255.255.255.252
                                                            ! 设置端口 IP 地址
```

● RB 上的配置如下。

```
Ruijie#config terminal
Ruijie(config)#hostname RB
RB(config)#int S0/0
RB(config-if-Serial 0/0)#encapsulation ppp                  ! 封装 PPP
RB(config-if-Serial 0/0)#ip add 192.168.1.2 255.255.255.252
                                                            ! 设置端口 IP 地址
```

2. 方法二

● RA 上的配置如下。

```
Ruijie#config terminal
Ruijie(config)#hostname RA
RA(config)#int S0/0
RA(config-if-Serial 0/0)#encapsulation ppp                  ! 封装 PPP
```

```
RA(config-if-Serial 0/0)#ip add 192.168.1.1 255.255.255.252
                                              ！设置端口 IP 地址
RA(config-if-Serial 0/0)#peer default ip address 192.168.1.2
                                        ！ 为对端设备端口分配 IP 地址
```

● RB 上的配置如下。

```
Ruijie#config terminal
Ruijie(config)#hostname RB
RB(config)#int S0/0
RB(config-if-Serial 0/0)#encapsulation ppp        ！ 封装 PPP
RB(config-if-Serial 0/0)#ip add negotiated        ！ 使用对端分配的 IP 地址
```

小贴士

限于实训环境和条件，用户也可以使用华为 eNSP 模拟器，完成上述实训操作，扫描下方二维码，阅读配套的实训过程文档。

综合实训 19

配置路由器广域网链路认证

5.2.1 PPP 安全认证

在 PPP 链路协商过程中可以配置认证，客户端会将自己的身份发送给远端的接入服务器。该阶段使用一种安全验证方式，与客户端进行连接，避免第三方窃取数据或冒充远程客户接管。在认证完成之前，禁止从认证阶段前进到网络层协议阶段。PPP 链路协商过程如图 5-2-1 所示。

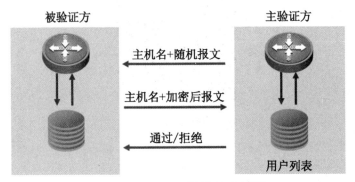

被验证方　　　　　　　　　　　　　主验证方

主机名+随机报文

主机名+加密后报文

通过/拒绝

用户列表

图 5-2-1　PPP 链路协商过程

若认证失败，则认证者应该进行到链路终止阶段。在这一阶段里，只有链路控制协议、认证协议和链路质量监视协议的报文是被允许的，而接收到的其他报文将被丢弃。

PPP 提供了两种可选的身份认证方法：口令验证协议（Password Authentication Protocol，PAP）和挑战握手验证协议（Challenge Handshake Authentication Protocol，CHAP）。

1. PAP

PAP 是一个简单的、实用的身份验证协议，PAP 认证进程只在双方的通信链路建立初期进行。如果验证成功，则通信过程中不再进行验证；如果验证失败，则直接释放链路。

当双方都封装了 PPP 且要求进行 PAP 身份验证时，它们之间的链路在物理层已激活，认证客户端（被认证一端）会不停地发送身份验证请求，直到身份验证成功。当验证客户端路由器发送了用户名或口令后，验证服务器会将收到的用户名和口令与本地数据库中的口令信息进行比较，如果正确则身份验证成功，否则验证失败。

PAP 是一种简单的明文验证方式，如图 5-2-2 所示。网络接入服务器（Network Access Server，NAS）要求用户提供用户名和口令，PAP 以明文方式返回用户信息。很明显，这种验证方式的安全性较差，第三方可以很容易地获取被传送的用户名和口令，并利用这些信息与 NAS 建立连接以获取 NAS 提供的所有资源。所以，一旦用户密码被第三方窃取，PAP 无法提供避免受到第三方攻击的保障措施。

从图 5-2-2 中可以看出，PAP 验证过程经过了两个阶段，通常称为两次握手。

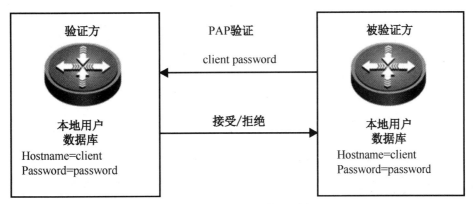

图 5-2-2　PAP 验证过程

阶段 1：被验证方（远端路由器）发送用户名和口令到验证方。

阶段 2：验证方（中心路由器）对用户名和口令进行验证，根据结果返回"接受"或"拒绝"认证请求的信息。

PAP 验证可以在一方进行，即由一方验证另一方的身份，也可以进行双向身份验证。这时要求被验证的双方都通过对方的验证程序，否则无法建立二者之间的链路。

PAP 的弱点为用户的用户名和密码是明文发送的，有可能被协议分析软件捕获而导致安全问题，因此认证只在链路建立初期进行，能够节省宝贵的链路带宽。

2. CHAP

CHAP 是一种加密的验证方式，能够避免建立连接时传送用户的真实密码，如图 5-2-3 所示。CHAP 验证比 PAP 验证更安全，因为 CHAP 不在线路上发送明文密码，而是发送经过摘要算法加工过的随机序列，也被称为"挑战字符串"。同时，身份验证可以随时进行，包括在双方正常通信过程中。因此，非法用户就算截获并成功破解了一次密码，此密码也将在一段时间内失效。

验证方（服务器端）向远程用户发送一个挑战口令，其中包括会话 ID 和一个任意生成的挑战字符串。远程客户必须使用 MD5 单向散列算法，返回用户名和加密的挑战口令、会话 ID 及用户口令，其中用户名以非散列方式发送。

CHAP 对 PAP 进行了改进，不再直接通过链路发送明文口令，而是使用挑战口令以散列算法对口令进行加密。因为服务器端存有客户的明文口令，所以服务器可以重复客户端进行的操作，并将结果与用户返回的口令进行对照。

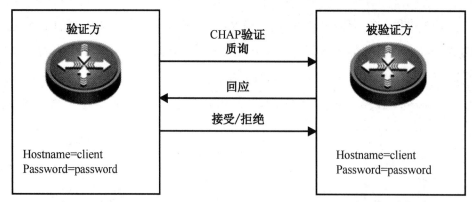

图 5-2-3　CHAP 验证过程

CHAP 为每次验证任意生成一个挑战字符串来防止受到再现攻击。在整个连接过程中，CHAP 将不定时向客户端重复发送挑战口令，从而避免第三方冒充远程客户进行攻击。

CHAP 对系统要求很高，由于需要多次进行身份质询、响应，需要耗费较多的 CPU 资源，因此只用在对安全要求很高的场合。

因为 CHAP 不在线路上发送明文密码，所以 CHAP 验证比 PAP 验证更安全。同 PAP 一样，CHAP 验证可以在一方进行，即由一方验证另一方的身份，也可以进行双向身份验证。这时要求被验证的双方都通过对方的验证程序，否则无法在二者之间建立链路。与 PAP 不同的是，此时验证服务器发送的是挑战字符串。

5.2.2　配置 PAP 安全验证

配置 PAP 安全验证时，先将端口类型配置为 PPP，再按照以下方法配置。

1. 服务器端

（1）建立本地口令数据库。

```
Router(config)#username name { nopassword | password password }
```

（2）要求进行 PAP 验证。

```
Router(config-if-Serial0/0)#ppp authentication pap
```

2. 客户端

```
Router(config-if-Serial0/0)#ppp pap sent-username username [ password password ]
```

5.2.3　配置 CHAP 安全验证

配置 CHAP 安全验证时，先将端口类型配置为 PPP，再按照以下方法配置。

1. 服务器端

（1）建立本地口令数据库。

```
Router(config)#username name {nopassword | password password}
```

（2）要求进行 CHAP 安全验证。

```
Router(config-if-Serial 0/0)#ppp authentication chap
```

2. 客户端

建立本地口令数据库。

```
Router(config)#username name {nopassword | password password}
```

【综合实训 20】配置 PAP 安全验证

网络场景

如图 5-2-4 所示，RA 和 RB 通过 S0/0 相连，通过 PAP 配置实现双向验证。

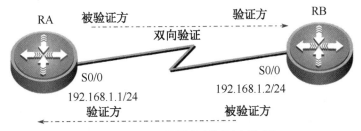

图 5-2-4 配置 PAP 双向验证

实施过程

● RA 的配置如下。

```
Ruijie#config terminal
Ruijie(config)#hostname RA
RA(config)#username RB password 123
RA(config)#int S0/0
RA(config-if-Serial 0/0)#encapsulation ppp
RA(config-if-Serial 0/0)#ppp authentication pap
RA(config-if-Serial 0/0)#ppp pap sent-username RA password 123
RA(config-if-Serial 0/0)#exit
```

● RB 的配置如下。

```
Ruijie#config terminal
Ruijie(config)#hostname RB
RB(config)#username RA password 123
RB(config)#int S0/0
RB(config-if-Serial 0/0)#encapsulation ppp
RB(config-if-Serial 0/0)#ppp authentication pap
RB(config-if-Serial 0/0)#ppp pap sent-username RB password 123
```

限于实训环境和条件，用户也可以使用华为 eNSP 模拟器，完成上述实训操作，扫描下方二维码，阅读配套的实训过程文档。

综合实训 20

【综合实训 21】配置 CHAP 安全验证

网络场景

如图 5-2-5 所示，RA 和 RB 通过 S0/0 相连，通过 CHAP 配置实现单向验证。

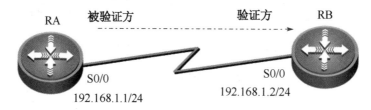

图 5-2-5　单向验证

实施过程

- RA 的配置如下。

```
Ruijie#config
Ruijie(config)#hostname RA
RA(config)#int S0/0
RA(config-if-Serial 0/0)#encapsulation ppp
RA(config-if-Serial 0/0)#ppp chap hostname ruijie
RA(config-if-Serial 0/0)#ppp chap password 123
RA(config-if-Serial 0/0)#exit
```

- RB 的配置如下。

```
Ruijie#config
Ruijie(config)#hostname RB
RB(config)#username ruijie password 123
RB(config)#int S0/0
```

```
RB(config-if-Serial 0/0)#encapsulation ppp
RB(config-if-Serial 0/0)#ppp authentication chap
RB(config-if-Serial 0/0)#exit
```

小贴士

限于实训环境和条件，用户也可以使用华为 eNSP 模拟器，完成上述实训操作，扫描下方二维码，阅读配套的实训过程文档。

综合实训 21

任务 5.3   配置路由器 NAT 技术

5.3.1   路由器 NAT 技术

1. 概述

网络地址转换（Network Address Translation，NAT）是将 IP 数据包中的 IP 地址转换为另一个 IP 地址的过程。

NAT 最初的目的是通过允许使用较少的公用 IP 地址代表多数的私有 IP 地址，来减缓 IP 地址空间枯竭的速度。在实际应用中，NAT 主要用于实现私有网络访问公共网络的功能。

这种通过使用少量的公有 IP 地址代表较多的私有 IP 地址的方式，有助于减缓可用 IP 地址空间不足的问题。

如图 5-3-1 所示，描述了 NAT 技术在网络中的简单实现，其对于地址可以进行双向隐藏。PC1 具有一个私有地址 192.168.1.100，这个地址在互联网上是不被传输的，当 PC1 要访问远程主机 PC2 时，数据包要通过一个运行 NAT 技术的路由器。

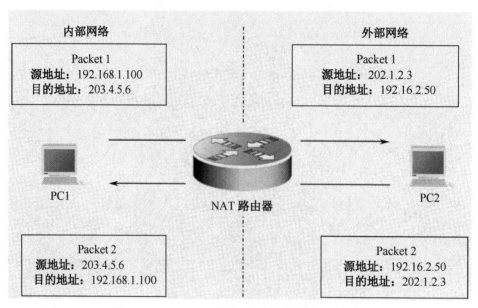

图 5-3-1   NAT 技术在网络中的简单实现

路由器把 PC1 的私有地址转换成一个可以在互联网上传输的公有地址 202.1.2.3，然后把数据包转发出去。当 PC2 应答 PC1 时，PC2 数据包中的目的地址是 202.1.2.3，当通过路由器接收到 PC2 的目的地址是 202.1.2.3 的数据包时，路由器会把数据包的目的地址转换成 PC1 的私有地址，完成 PC1 和 PC2 的通信。

在上面的例子中，对于 PC1 来讲，本身是不知道 202.1.2.3 这个公有地址的；对于 PC2 来讲，它认为在与 202.1.2.3 这个地址的主机进行通信，并不知道 PC1 的真实地址，故 NAT 技术对于网络上的终端用户是透明的。

在上面的例子中，PC1 的地址被转换成 202.1.2.3，PC2 的地址被转换成 203.4.5.6。PC1 认为 PC2 的地址是 203.4.5.6，所以发往 PC2 的数据包的目标地址是 203.4.5.6；PC2 认为 PC1 的地址是 202.1.2.3，所以应答 PC1 的数据包的目的地址是 202.1.2.3。其实 PC1 和 PC2 真实的地址分别为 192.168.1.100 和 192.16.2.50。

2. 工作过程

NAT 技术把地址分成两大部分，即内部地址和外部地址。其中，内部地址分为内部本地（Inside Local，IL）地址和内部全局（Inside Global，IG）地址，外部地址分为外部本地（Outside Local，OL）地址和外部全局（Outside Global，OG）地址。

这 4 个概念清楚地阐明了代表相同主机的不同地址在 NAT 技术中所处的位置。NAT 技术区分的内网和外网如图 5-3-2 所示。

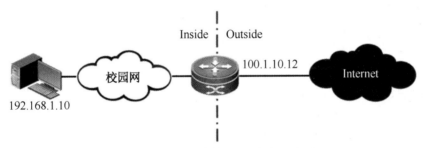

图 5-3-2　NAT 技术区分的内网和外网

注意，这里的 4 个概念是相对于网络中某台主机来讲的，因为主机处在不同的网络中时，所以 NAT 可以解释为不同的地址。下面解释这 4 个基本概念。

（1）内部本地地址：在内部网络中分配给主机的私有 IP 地址。

（2）内部全局地址：一个合法的 IP 地址，它对外代表一个或多个内部局部 IP 地址。

（3）外部本地地址：由其所有者给外部网络上的主机分配的 IP 地址。

（4）外部局部地址（Outside Local）：外部主机在内部网络中表现出来的 IP 地址。

NAT 工作过程如图 5-3-3 所示，当内部网络中的一台主机想传输数据到外部网络时，它先将数据包传输到 NAT 路由器上，路由器检查数据包的报头，获取该数据包的源 IP 信息，并从它的 NAT 映射表中找出与该 IP 匹配的转换条目，通过所选用的内部全局地址来替换内部本地地址，并转发数据包。

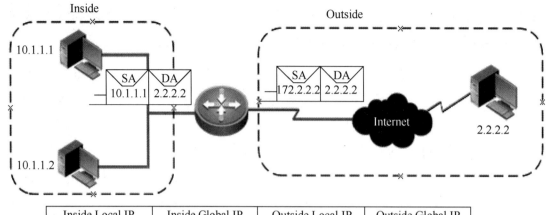

Inside Local IP Address	Inside Global IP Address	Outside Local IP Address	Outside Global IP Address
10.1.1.1	172.2.2.2	2.2.2.2	2.2.2.2

图 5-3-3　NAT 工作过程

当外部网络对内部主机进行应答时，数据包被送到 NAT 路由器上，路由器接收到目的地址为内部全局地址的数据包后，它将用内部全局地址，通过 NAT 映射表，查找出内部局部地址，然后将数据包的目的地址替换成内部局部地址，并将数据包转发到内部主机。

3. NAT 分类

根据 NAT 的映射方式，NAT 可分为以下两类。

（1）静态 NAT，手动建立一个内部 IP 地址到一个外部 IP 地址的映射关系。该方式经常用于企业网的内部设备需要能够被外部网络访问到的场合。

（2）动态 NAT，将一个内部 IP 地址转换为一组外部 IP 地址（地址池）中的一个 IP 地址。该方式常用于整个公司共用多个公网 IP 地址访问 Internet。

5.3.2　路由器 NAPT 技术

网络地址端口转换（Network Address Port Translation，NAPT）是把内部地址映射到外部网络的一个 IP 地址的不同端口上。NAPT 是人们比较熟悉的一种转换方式，普遍应用于接入设备中，它可以将中小型的网络隐藏在一个合法的 IP 地址后面。

NAPT 与动态地址 NAT 不同，它将内部连接映射到外部网络中的一个单独的 IP 地址上，同时在该地址上再加上一个由 NAT 设备选定的 TCP 端口号。NAPT 技术场景如图 5-3-4 所示。

在 Internet 中使用 NAPT 时，所有不同的 TCP 和 UDP 信息流看起来好像来源于同一个 IP 地址。这个优点在小型办公室内非常实用，通过从 ISP 处申请的一个 IP 地址，将多个连接通过 NAPT 接入 Internet。

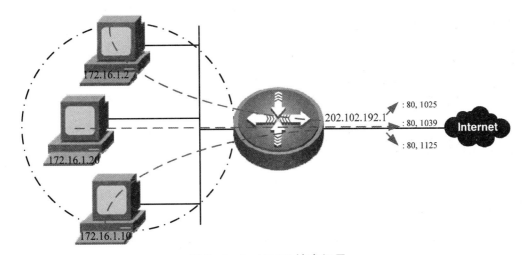

图 5-3-4 NAPT 技术场景

实际上，许多 SOHO 远程访问设备支持基于 PPP 的动态 IP 地址。这样，ISP 甚至不需要支持 NAPT，就可以做到多个内部 IP 地址共用一个外部 IP 地址接入 Internet，虽然这样会导致一定的信道拥塞，但考虑到节省的上网费用和容易管理的特点，使用 NAPT 还是很值得的。

5.3.3 配置路由器 NAT 技术

1. 配置静态 NAT

（1）指定内部端口和外部端口。
```
Router(config-if-FastEthernet 0/0)#ip nat { inside | outside}
```
（2）配置静态转换条目。
```
Router(config)#ip nat inside source static local-ip { interface interface
| global-ip }
```

2. 配置动态 NAT

（1）指定内部端口和外部端口。
```
Router(config-if-FastEthernet 0/0)#ip nat { inside | outside }
```
（2）定义 IP 访问控制列表。
```
Router(config)#access-list access-list-number { permit | deny } address
```
（3）定义一个地址池。
```
Router(config)#ip nat pool pool-name start-ip end-ip { netmask netmask |
prefix-length prefix-length }
```
（4）配置动态转换条目。
```
Router(config)#ip nat inside source list access-list-number { interface
interface | pool pool-name}
```

3. 查看操作

```
Router#show ip nat translations      ！显示活动的转换条目
Router#show ip nat statistics        ！显示转换的统计信息
Router#clear ip nat translation *    ！清除所有的转换条目
```

5.3.4 配置路由器 NAPT 技术

1. 概述

由于 NAT 可以实现私有 IP 地址和公共 IP 地址之间的转换，因此私有网中同时与公共网进行通信的主机数量就受到公共 IP 地址数量的限制。为了突破这种限制，NAT 被进一步扩展到在进行 IP 地址转换的同时还进行 Port 的转换，这就是 NAPT 技术。

NAPT 与 NAT 的区别在于，NAPT 不仅转换 IP 数据包中的 IP 地址，还对 IP 数据包中 TCP 和 UDP 的 Port 进行转换。这使得多台私有网主机利用 1 个 NAT 公共 IP，就可以同时和公共网进行通信。

2. 配置

（1）配置动态 NAPT。

① 指定内部端口和外部端口。
```
Router(config-if-FastEthernet 0/0)#ip nat { inside | outside }
```
② 定义 IP 地址访问控制列表。
```
Router(config)#access-list access-list-number { permit | deny } address
```
③ 定义一个地址池。
```
Router(config)#ip nat pool pool-name start-ip end-ip { netmask netmask |
prefix-length prefix-length }
```
④ 配置动态转换条目。
```
Router(config)#ip nat inside source list access-list-number { interface
interface | pool pool-name} overload      ！配置"overload"参数为 NAPT
```
（2）配置静态端口地址转换。

① 指定内部端口和外部端口。
```
Router(config-if-FastEthernet 0/0)#ip nat { inside | outside }
```
② 配置静态端口转换条目。
```
Router(config)#ip nat inside source static {tcp | udp} local-ip local-port
{interface interface | global-ip} global-port
```

【综合实训 22】配置路由器 NAPT 技术

网络场景

如图 5-3-5 所示为 NAPT 示意图，校园网中的 Router1 为出口路由器，Router1 的 Fa0/0 端口连接核心交换机 Gi0/24 端口，核心交换机的 Gi0/0 端口连接 PC1。

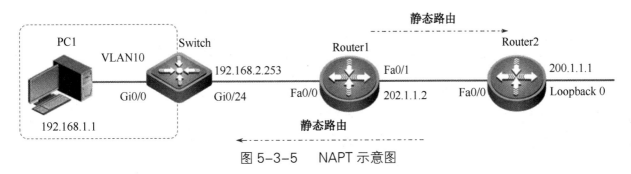

图 5-3-5　　NAPT 示意图

Router1 的 Fa0/0 端口的 IP 地址为 192.168.2.254，核心交换机的 Gi0/24 端口的 IP 地址为 192.168.2.253，核心交换机 VLAN 10 对应的 SVI 端口的 IP 地址为 192.168.1.254/24，Gi0/0 端口加入 VLAN 10，PC1 的 IP 地址为 192.168.1.1/24，网关为 192.168.1.254，网络使用静态路由。

学校申请一条外网线路，Router1 的 Fa0/1 端口接到外网，外网地址为 202.1.1.0/24 网段，其中 Router1 的 Fa0/1 端口地址为 202.1.1.2/24，网关为 202.1.1.1。在此使用 Router2 充当外网设备，Router2 的 Fa0/0 端口地址为 202.1.1.1/24，在 Router2 上配置 Interface Loopback 0 的地址为 200.1.1.1/32。

具体要求如下。

（1）PC1 能访问外网地址 200.1.1.1。

（2）校园网中有一台服务器 IP 地址为 192.168.1.20/24，需要对外网提供 Web 服务，并且要将服务器映射到外网。

备注 1： 根据实训设备配置情况，选择设备对应端口名称，如 Fa0/1 或 Gi0/1。如果使用锐捷模拟器搭建环境配置，需要在以下配置中将端口名称做相应修改。在锐捷模拟器中，路由器的三层端口也需要使用 "no switch" 命令，切换到三层端口配置模式，然后才可以配置 IP 地址。

备注 2： 交换机不具有 NAT 的地址转换功能。

实施过程

1. 配置 PC1 的 IP 地址

配置 PC1 的 IP 地址为 192.168.1.1/24，网关为 192.168.1.254。

2. 配置交换机和路由器地址

● Switch 的配置如下。

```
Ruijie#config terminal
Ruijie(config)#hostname Switch
Switch(config)#inter Gi 0/24
Switch(config-if-GigabitEthernet 0/24)#no switchport
Switch(config-if-GigabitEthernet0/24)#ip add 192.168.2.253 255.255.255.0
Switch(config-if-GigabitEthernet 0/24)#exit

Switch(config)#vlan 10
Switch(config-vlan)#int vlan 10
Switch(config-if-VLAN 10)#ip address 192.168.1.254 255.255.255.0
Switch(config-if-VLAN 10)#exit
Switch(config)#int Gi 0/1
Switch(config-if-GigabitEthernet 0/1)#switchport access vlan 10
```

● Router1 的配置如下。

```
Ruijie#config terminal
Ruijie(config)#hostname Router1
Router1(config)#inter Fa 0/0
Router1(config-if-FastEthernet0/0)#ip address 192.168.2.254 255.255.255.0
Router1(config-if-FastEthernet 0/0)#exit
Router1(config)#int Fa 0/1
Router1(config-if-FastEthernet 0/1)#ip address 202.1.1.2 255.255.255.0
Router1(config-if-FastEthernet 0/1)#exit
```

● Router2 的配置如下。

```
Ruijie#config terminal
Ruijie(config)#hostname Router2
Router2(config)#int Fa0/0
Router2(config-if-FastEthernet 0/0)#ip address 202.1.1.1 255.255.255.0
Router2(config-if-FastEthernet 0/0)#exit
Router2(config)#int loopback 0
Router2(config-if-Loopback 0)#ip address 200.1.1.1 255.255.255.255
Router2(config-if-Loopback 0)#exit
```

3. 配置路由

● Switch 的配置如下。

```
Switch(config)#ip route 0.0.0.0 0.0.0.0 192.168.2.254
```
! 将访问外网数据发给 Router1

- Router1 的配置如下。

```
Router1(config)#ip route 0.0.0.0 0.0.0.0 202.1.1.1
                                            ! 将访问外网数据发给 Router2
Router1(config)#ip route 192.168.0.0 255.255.0.0 192.168.2.253
                                            ! 将内网数据发给 Switch
```

备注：无须为 Router2 配置静态路由，如果配置的话，可能不做 NAT 也能通信。

4. 配置 NAPT

- Router1 的配置如下。

```
Router1(config)#int Fa 0/0
Router1(config-if-FastEthernet 0/0)#ip nat inside      ! 指定内网口
Router1(config-if-FastEthernet 0/0)#exit
Router1(config)#int Fa 0/1
Router1(config-if-FastEthernet 0/1)#ip nat outside     ! 指定外网口
Router1(config-if-FastEthernet 0/1)#exit
Router1(config)#access-list 1 permit 192.168.0.0 0.0.255.255
                                            ! 配置访问控制列表
Router1(config)#ip nat pool abc 200.1.1.3 200.1.1.5 netmask 255.255.255.0
Router1(config)#ip nat inside source list 1 pool abc overload
                                            ! 配置 NAPT 规则
```

备注：访问控制列表表示数据满足该条件就做 NAT。NAT 地址池表示转换后的地址。

5. 配置端口映射

```
Router1(config)#ip nat inside source static tcp 192.168.1.20 80 202.1.1.6 80
```

备注：使用端口映射将内网相关端口映射到外网的相关端口。一般外网地址要使用未被占用的地址。

6. 验证

（1）PC1 可以访问外网地址 200.1.1.1。

（2）外网用户可以访问内网服务器。

（3）查看 NAT 转换表，如图 5-3-6 所示。

```
Router1#show ip nat traslation
```

```
Pro Inside global     Inside local      Outside local      Outside global
icmp202.1.1.5:655     192.168.1.1:655   200.1.1.1          200.1.1.1
```

图 5-3-6　NAT 转换表

备注：测试时需要从远程终端上发送测试 IP 数据包，路由器不转换从本地路由器上发出的 IP 数据包。

> **小贴士**

限于实训环境和条件，用户也可以使用华为 eNSP 模拟器，完成上述实训操作，扫描下方二维码，阅读配套的实训过程文档。

综合实训 22

【认证测试】

以下选择题均为单选，请寻找正确的或最佳的答案。

1. 下列关于 PPP 说法中，正确的是（　　　）。

　　A．PPP 是物理层协议

　　B．PPP 是在 HDLC 的基础上发展起来的

　　C．PPP 支持的物理层可以是同步电路或异步电路

　　D．PPP 主要由两类协议组成：链路控制协议族（CLCP）和网络安全方面的验证
　　　　协议族（PAP 和 CHAP）

2. PPP 支持的验证方式有（　　　）。

　　A．PAP　　　　　　　　　　　B．MD5

　　C．CHAP　　　　　　　　　　D．SAP

3. PPP 是用于路由器之间通信的点到点通信协议，属于（　　　）协议。

　　A．物理层　　　　　　　　　　B．传输层

　　C．数据链路层　　　　　　　　D．网络层

4. PPP 是用于路由器之间通信的点到点通信协议，不具有（　　　）功能。

　　A．错误检测　　　　　　　　　B．支持多种协议

　　C．允许身份验证　　　　　　　D．自动将域名转换为 IP 地址

5. PPP 主要包括（　　　）。

　　A．LCP\NCP　　　　　　　　　B．TCP\NCP

　　C．IP 扩展协议　　　　　　　　D．TCP\IP

6. PPP 不支持的网络层协议是（　　　）。

　　A．IP　　　　　　　　　　　　B．TCP

　　C．IPX　　　　　　　　　　　D．DECNet

7. PPP 是（　　　）协议。

    A. 面向字符的　　　　　　　　B. 面向位的

    C. 面向帧的　　　　　　　　　D. 面向报文的

8. 下列对于 PAP 的描述中，正确的是（　　　）。

    A. 使用两步握手方式完成验证

    B. 使用三步握手方式完成验证

    C. 不使用密码进行验证

    D. 使用加密密码进行验证

9. 下列关于 NAT 的说法中，错误的是（　　　）。

    A. NAT 技术允许一个机构中的主机透明地连接到公网中的主机，内部主机不需要都拥有注册的全局互联网地址

    B. 静态 NAT 是设置起来最简单和最容易实现的一种地址转换方式，内部网络中的每个主机都被永久映射成外部网络中的某个合法地址

    C. 动态 NAT 应用于拨号和频繁远程连接，当远程用户连接上之后，动态 NAT 就会分配给用户一个 IP 地址，当用户断开时，这个 IP 地址就会被释放而留待以后使用

    D. 动态 NAT 又叫网络端口转换 NAPT

10. PPP 的认证协议 CHAP 是一种（　　　）的安全验证协议。

    A. 使用一次握手方式　　　　　B. 使用二次握手方式

    C. 使用三次握手方式　　　　　D. 使用四次握手方式

11. NAT 配置在定义地址映射语句中含有 "overload"，则表示（　　　）。

    A. 配置需要重启才能生效　　　B. 启用 NAPT

    C. 启用动态 NAT　　　　　　　D. 无意义

12. 下列网段中，不属于私有地址的是（　　　）。

    A. 10.0.0.0/8　　　　　　　　　B. 172.16.0.0/12

    C. 192.168.0.0/16　　　　　　　D. 224.0.0.0/8

13. CHAP 是三次握手的验证协议，其中第一次握手是（　　　）。

    A. 被验证方直接将用户名和口令传递给验证方

    B. 验证方生成一段随机报文加自己的用户名传递给被验证方

    C. 被验证方生成一段随机报文，用自己的口令对这段随机报文进行加密，然后与自己的用户名一起传递给验证方

    D. 主验证方生成一段随机报文，用自己的口令对这段随机报文进行加密，然后与自己的用户名一起传递给验证方

14. PAP 和 CHAP 分别是 (　　　) 次握手的验证协议。

    A. 二，三   B. 三，三

    C. 三，二   D. 二，二

15. 下列选项中，(　　　) 不属于广域网协议。

    A. PPP   B. Ethernet II

    C. X.25   D. FrameRelay

16. 在 NAT 中连接外网的端口一般被定义为 (　　　)。

    A. Inside   B. Outside

    C. OL   D. OG

17. HDLC 协议工作在 OSI 参考模型中的 (　　　)。

    A. 物理层   B. 数据链路层

    C. 传输层   D. 会话层

18. 下列对常见网络服务对应端口的描述中，正确的是 (　　　)。

    A. HTTP:80   B. Telnet:20

    C. FTP:21   D. SMTP:110

19. 下列关于 NAT 地址池的命名方式中，正确的是 (　　　)。

    A. 必须用英文命名   B. 必须用数字命名

    C. 英文与数字随意组合命名   D. 名称中必须含有关键字 pool

20. 下列对 PPP 描述中，不正确的是 (　　　)。

    A. PPP 不仅适用于拨号用户，而且适用于租用的路由器对路由器线路

    B. 采用 NCP 协议（如 IPCP、IPXCP），支持更多的网络层协议

    C. 具有验证协议 CHAP、PAP

    D. 无法保证网络的安全性

项目6

配置网络安全技术

　　一期建设完成的北京延庆某中心小学校园网采用三层架构部署，通过使用高性能的交换机连接网络，从而保障了网络的稳定性，实现了校园网数据的高速传输。

　　为保障中心小学校园网的使用，需要在校园网的接入设备上实施接入端口安全防范，在核心网络中实施访问控制安全，避免网络安全事件发生，如图 6-1-1 所示。

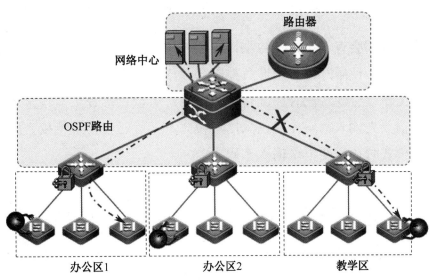

图 6-1-1　北京延庆某中心小学校园网安全防范

本项目任务

- 任务 6.1　配置网络设备登录安全
- 任务 6.2　配置交换机端口安全
- 任务 6.3　配置编号访问控制列表安全
- 任务 6.4　配置名称访问控制列表安全

任务6.1 配置网络设备登录安全

6.1.1 配置交换机控制台密码

网络安全隐患是指计算机或其他通信设备利用网络进行交互时，可能会受到的窃听、攻击或破坏，具体是指具有侵犯系统安全或危害系统资源的潜在的环境、条件或事件。计算机网络和分布式系统，很容易受到来自非法入侵者和合法用户的威胁。

相关调查显示，80%的安全破坏事件都是由薄弱的口令引起的，因此为安装在网络中的每台互联设备配置一个恰当的口令，是保护企业内部网络不受侵犯、实施网络安全措施的最基本的保护。

1. 概述

基本上网络设备都会有一个控制台端口，通过这个控制台端口可以对网络设备进行管理。当网络设备第一次使用时，必须通过控制台端口对其进行配置。

交换机和路由器设备默认没有控制台密码，用户可以直接登录。设置了密码后，用户在登录交换机时需要先输入密码才能进入用户模式。一般还会设置特权密码，这样用户从用户模式到特权模式时还需要再次输入密码。

2. 配置

```
Ruijie(config)#line console 0              ! 进入Console端口的配置模式
Ruijie(config-line)#password password      ! 配置密码
Ruijie(config-line)#login                  ! 加载密码
```

6.1.2 配置路由器控制台密码

1. 设置路由器控制台密码

目前，锐捷路由器及交换机设备使用的操作系统都是RGOS。因此，路由器配置控制台密码的方法与交换机基本一致，即在控制台模式下配置密码。

2. 设置控制台超时时间

如果管理员在配置设备过程中已经登录到设备上，当管理员离开计算机后有外人靠近计算机并对网络设备进行配置，则可能会出现问题，因此网络中的用户需要给控制台设置超时时间。也就是说，在一段时间没有配置网络设备时会自动退出，如果需要配置，则需要再次输入密码。

配置方法如下。

```
Ruijie(config)#line console 0
Ruijie(config-line)#exec-timeout times
                           ！设置超时时间（不设置将为系统默认时间）
```

交换机和路由器的配置方法基本相同。

【综合实训 23 】配置控制台密码

网络场景

正常情况下，PC 接入交换机的 Console 端口后，就可以登录到交换机的用户模式。因此，网络中的用户需要配置交换机控制台密码，如图 6-1-2 所示。

配置线缆

USB端口转接COM端口　　Console端口

图 6-1-2　配置交换机控制台密码示意图

备注：可以在锐捷模拟器中搭建环境，完成下述安全配置。需要注意的是，由于锐捷模拟器版本的差别，安全配置命令稍有差别，在配置过程中可以使用"？"及时查询相关配置命令。

实施过程

1. 配置控制台密码

```
Ruijie#config terminal                     ！进入全局配置模式
Ruijie(config)#line console 0              ！进入控制台模式
Ruijie(config-line)#password ruijie        ！配置控制台密码
Ruijie(config-line)#login
Ruijie(config-line)#end
Ruijie#exit                                ！退出用户模式
Password:                                  ！输入控制台密码
Ruijie>                                     ！进入用户模式
```

2. 配置控制台的超时时间

```
Ruijie(config)#line console 0              ！进入控制台
```

```
Ruijie(config-line)#exec-timeout 21      ！设置超时时间
Ruijie(config-line)#exit                 ！退出控制台
```

备注： 超时时间默认为 10 分钟，0 代表不退出。

小贴士

限于实训环境和条件，用户也可以使用华为 eNSP 模拟器，完成上述实训操作，扫描下方二维码，阅读配套的实训过程文档。

综合实训 23

配置交换机端口安全

6.2.1 端口安全

1. 概述

当网络中的用户组建一个大型网络时，有很多端口被安放在各个地方，这样网络中的用户就无法保证每个端口都在安全区域中，或者某一个端口比较重要，只允许特定的几个网卡接入，这就是基于 MAC 地址的端口安全。

2. 端口安全

网络中的交换机有端口安全功能，利用端口安全这个特性，可以实现网络接入安全。通过限制允许访问交换机上某个端口的 MAC 地址及 IP 地址（可选）来实现严格控制对该端口的输入，即当某个端口打开了端口安全功能，并配置了一些安全地址后，除了源地址发送的数据包为安全地址的包，这个端口将不转发其他数据包。

此外，还可以限制一个端口上能包含安全地址的最大个数，如果将最大个数设置为 1，并且为该端口配置一个安全地址，则连接到这个端口的工作站（其地址为配置的安全地址）将独享该端口的全部带宽。在交换机端口上增加安全保护如图 6-2-1 所示。

图 6-2-1 在交换机端口上增加安全保护

3. 端口安全原理

为了增强安全性，可以将 MAC 地址和 IP 地址绑定起来作为安全地址。当然，也可以只指定 MAC 地址，不绑定 IP 地址。

如果一个端口被配置为安全端口，其安全地址的数目已经达到允许的最大个数后，当该端口收到一个源地址不属于端口上的安全地址的数据包时，一个安全违例将产生。

当安全违例产生时，可以选择多种方式来处理违例，如丢弃接收到的数据包、发送违例通知或关闭相应端口等。当设置了安全端口上安全地址的最大个数后，可以使用以下几种方式设置端口上的安全地址。

使用端口配置模式下的"switchport port-security mac-address *mac-address* [*ip-address* ip-address]"命令来手动配置端口的所有安全地址。

也可以让该端口自动学习地址，这些自动学习到的地址将变成该端口上的安全地址，直到达到 IP 最大个数。

需要注意的是，自动学习的安全地址均不会绑定地址。如果在一个端口上已经配置了绑定 IP 地址的安全地址，则将不能再通过自动学习来增加安全地址。

每个网络设备的端口或每块网卡，都有全球唯一的 MAC 地址，交换机允许网络中的用户在某个端口上指定只允许某个或某几个 MAC 地址接入，实现端口保护，也可以通过一台安全服务器来允许或拒绝一组 MAC 地址接入。

4. 端口安全违例

端口安全的作用主要有以下两种。

（1）限制交换机端口能接入的最大主机数。

（2）根据需要针对端口绑定用户地址。

当用户发出不符合交换机端口安全的数据时，交换机会进行违例处理。

- Protect：当安全地址个数加满后，安全端口将丢弃所有新接入的用户数据。该处理模式默认为对违例的处理模式。
- Restrict：当违例产生时，将发送一个 Trap 通知。
- Shutdown：当违例产生时，将关闭端口并发送一个 Trap 通知。

5. 配置端口安全

（1）开启端口安全。
```
Switch(config-if-FastEthernet 0/1)#switchport port-security
```
（2）配置安全策略。常用的方式为配置最大安全地址数。
```
Switch(config-if-FastEthernet 0/1)#switchport port-security maximum number
```
一个千兆位端口上最多支持 120 个同时申明 IP 地址和 MAC 地址的安全地址。

（3）绑定用户信息。
- 针对端口进行 MAC 地址绑定（只绑定并检查二层源 MAC）。
```
Switch(config-if-FastEthernet 0/1)#switchport port-security mac-address mac-address vlan vlan-id
```

建议一个安全端口上的安全地址格式保持一致，即一个端口上的安全地址全都是绑定了 IP 地址的安全地址，或者都是不绑定 IP 地址的安全地址。如果一个安全端口同时包含这两种格式的安全地址，则不绑定 IP 地址的安全地址将失效（绑定 IP 地址的安全地址优先级更高），这时如果想使端口上不绑定 IP 地址的安全地址生效，则必须删除端口上所有绑定了 IP 地址的安全地址。

● 针对端口绑定 IP 地址（只绑定并检查源 IP）。

```
Switch(config-if-FastEthernet  0/1)#switchport  port-security  binding
ip-address
```

● 针对端口绑定 IP 地址+MAC 地址（绑定并检查源 MAC 和源 IP）。

```
Switch(config-if-FastEthernet  0/1)#switchport  port-security  binding
mac-address vlan vlan-id ip-address
```

（4）设置违例方式。

```
Switch(config-if-FastEthernet  0/1)#switchport  port-security  violation
{ protect |restrict | shutdown }
```

如果上述违例方式设为"shutdown"且出现违例后，要恢复端口的操作，则输入下述命令。

```
Switch(config)#errdisable recovery
```

6.2.2 配置交换机保护端口安全

1. 概述

在有些应用环境中，要求一台交换机上的某些端口之间不能互相通信。在这种环境下，这些端口之间的通信，不管是单址帧、广播帧或多播帧，都只能通过三层网络设备进行通信，此时可以使用保护端口。

在将某些端口设为保护端口之后，保护端口之间无法互相通信，但保护端口与非保护端口之间可以正常通信，如图 6-2-2 所示。

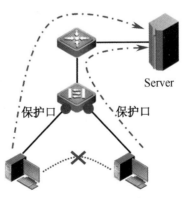

图 6-2-2 交换机保护端口

2．配置

在端口下将其配置为保护口。

```
Switch(config-if-FastEthernet 0/1)#switchport protected
```

查看信息的命令如下。

```
Switch#show interfaces switchport
```

6.2.3 配置交换机镜像端口安全

1．概述

端口镜像技术可以在网络中监视进出网络的所有数据包，供安装了监控软件的管理服务器抓取数据，了解网络安全状况。例如，网吧需要此技术将数据发往公安部门审查；而企业出于信息安全、保护公司机密的需要，也迫切需要端口镜像技术。在企业中，用端口镜像功能可以很好地对企业内部的网络数据进行监控管理，当网络出现故障时可以很好地定位故障。

2．端口镜像

端口镜像主要用于监控，主要是把交换机一个或多个端口的数据镜像到另一个端口的方法。也就是说，交换机把某个端口接收或发送的数据帧完全相同地复制给另一个端口。其中被复制的端口称为镜像源端口，复制的端口称为镜像目的端口。

镜像是将交换机某个端口的流量复制到另一个端口（镜像端口），并进行监测。

交换机的镜像技术是将交换机某个端口的数据流量，复制到另一个端口（镜像端口）进行监测的安全防范技术。大多数交换机支持镜像技术，默认情况下交换机上的这种功能是被屏蔽的。

通过配置交换机端口镜像，允许管理人员设置监视管理端口，监视被监视端口的数据流量，将复制到镜像端口的数据通过 PC 上安装的网络分析软件进行查看。通过对捕获的数据进行分析，可以实时查看被监视端口的情况。交换机的端口镜像场景如图 6-2-3 所示。

3．配置

大多数交换机支持镜像技术，可以方便地对交换机进行故障诊断。通过分析故障交换机的数据包信息，从而了解故障的原因。这种通过一台交换机监控同网络中另一台交换机的过程，称为"Mirroring"或"Spanning"。端口镜像拓扑场景如图 6-2-4 所示。

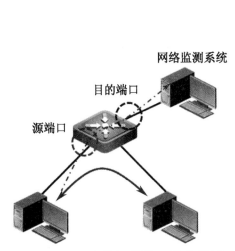

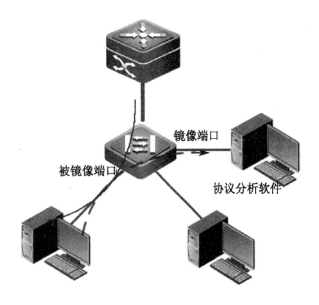

图 6-2-3　交换机的端口镜像场景　　　　　图 6-2-4　端口镜像拓扑场景

（1）配置源端口。

```
Switch(config)#monitor session session source interface xx
```

（2）配置镜像目的端口。

```
Switch(config)#monitor session session destination interface xx switch
```

需要注意的是，源端口与目的端口的"session"数量要一致。

若把某个端口配置为镜像目的端口，则该端口无法通信。

若要让这个端口在接收其他端口数据的同时，能处理自身的数据，则需要在后面添加"switch"参数。

【综合实训 24】配置交换机端口安全

网络场景

如图 6-2-5 所示为交换机端口安全示意图，两个房间的用户接到 Switch 的 Fa0/1 和 Fa0/2 端口，其中一个房间由于用户过多，需要使用 HUB 进行连接。正常情况下，PC1 和 PC2 可以通信。

为保证网络安全，要求在 Fa0/1 端口下不能超过 10 个用户，特别要求在 Fa0/2 端口下必须使用 PC2 连接且 PC2 的 IP 地址为 192.168.10.2，MAC 地址为 00-1b-b3-02-12-18。如果出现问题，则将端口直接关闭。

备注： 使用锐捷模拟器搭建环境完成实训，根据连接端口信息完成下面配置。修改下面配置代码中相应端口名称。

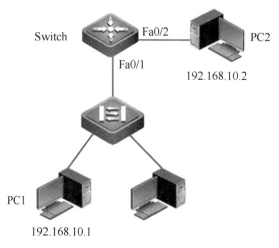

图 6-2-5　交换机端口安全示意图

实施过程

1. 配置

```
Ruijie#config terminal
Ruijie(config)#hostname Switch
Switch(config)#int Fa 0/1
Switch(config-if-FastEthernet 0/1)#switchport port-security
                                              ! 开启端口安全
Switch(config-if-FastEthernet 0/1)#switchport port-security maximum 10
                                     ! 端口下最多学习 10 个 MAC 地址
Switch(config-if-FastEthernet 0/1)#switchport port-security violation
shutdown                                    ! 出现问题时，将端口关闭
Switch(config-if-FastEthernet 0/1)#exit
Switch(config)#int Fa 0/2
Switch(config-if-FastEthernet 0/2)#switchport port-security
                                              ! 开启端口安全
Switch(config-if-FastEthernet 0/2)#switchport port-security binding 001b.
b302.1218 vlan 1 192.168.10.2       ! 端口绑定上网用户的 MAC 地址、IP 地址、VLAN 等
Switch(config-if-FastEthernet 0/2)#switchport port-security violation
shutdown                                    ! 出现问题时，将端口关闭
Switch(config-if-FastEthernet 0/2)#exit
```

2. 验证

（1）在交换机 Fa0/1 端口下连接超过 10 台 PC，则超出限制的 PC 无法连接到网络。

（2）将 Fa0/2 端口下的 PC 换成其他 PC 或修改该 PC 的 IP 地址，则该 PC 无法连接到网络。

（3）若出现 PC 数量超过限制数量或修改地址的情况，则该端口被关闭。

小贴士

限于实训环境和条件，用户也可以使用华为 eNSP 模拟器，完成上述实训操作，扫描下方二维码，阅读配套的实训过程文档。

综合实训 24

【综合实训 25】配置交换机保护端口

网络场景

如图 6-2-6 所示为交换机保护端口示意图，PC1 和 PC2 分别连接在交换机的 Fa0/1 和 Fa0/2 端口，服务器连接在 Gi0/25 端口。要求两台 PC 都能访问服务器，但两台 PC 不能互访。

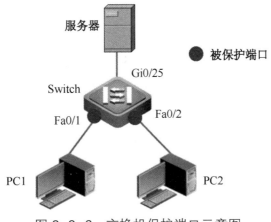

图 6-2-6　交换机保护端口示意图

实施过程

1. 配置交换机

```
Ruijie#config
Ruijie(config)#hostname Switch
Switch(config)#int range Fa 0/1-2
Switch(config-if-range)#switchport protected
                        ！Fa0/1 和 Fa0/2 端口配置为保护端口
```

```
Switch(config-if-range)#exit
```

2. 验证

（1）PC1 和 PC2 不能通信，但 PC 可以和服务器通信。

（2）查看保护端口信息，如图 6-2-7 所示。

```
switch#show interfaces switchport
Interface            Switchport Mode      Access Native Protected VLAN lists
-----------------    ---------- -------   ------ ------ --------- ----------
FastEthernet 0/1     enabled    ACCESS    1      1      Enabled   ALL
FastEthernet 0/2     enabled    ACCESS    1      1      Enabled   ALL
FastEthernet 0/3     enabled    ACCESS    1      1      Disabled  ALL
FastEthernet 0/4     enabled    ACCESS    1      1      Disabled  ALL
FastEthernet 0/5     enabled    ACCESS    1      1      Disabled  ALL
```

图 6-2-7　保护端口信息

小贴士

限于实训环境和条件，用户也可以使用华为 eNSP 模拟器，完成上述实训操作，扫描右方二维码，阅读配套的实训过程文档。

综合实训 25

【综合实训 26】配置交换机端口镜像

网络场景

如图 6-2-8 所示为端口镜像示意图，PC1 和 PC2 分别连接在交换机的 Fa0/1 和 Fa0/2 端口，Server 连接在 Gi0/25 端口。其中 PC2 为管理员，要求管理员可以看到 PC1 的所有上网信息。

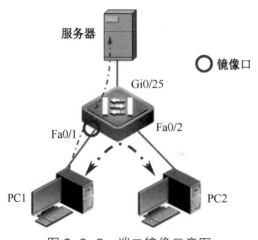

图 6-2-8　端口镜像示意图

实施过程

1. 配置端口镜像

```
Ruijie#config
Ruijie(config)#hostname Switch
Switch(config)#monitor session 1 source interface Fa 0/1! 设置镜像源端口
Switch(config)#monitor session 1 destination interface Fa 0/2 switch
                                                        ! 设置镜像目的端口
```

备注: 若镜像目的端口添加 "switch" 参数, 则在查看其他端口数据的过程中也可以上网。

2. 验证

在 PC2 上开启抓包软件, 在 PC1 上访问服务器, 则 PC2 也能收到 PC1 的数据。

小贴士

限于实训环境和条件, 用户也可以使用华为 eNSP 模拟器, 完成上述实训操作, 扫描下方二维码, 阅读配套的实训过程文档。

综合实训 26

任务6.3 配置编号访问控制列表安全

6.3.1 配置标准访问控制列表

1. 概述

对于许多网络管理员来说，配置访问控制列表（Access Control Lists，ACL）是一项经常性的工作，可以说，以太网设备的访问控制列表是网络安全保障的第一道关卡。

访问控制列表提供了一种机制，它可以控制和过滤通过路由器或交换机的不同端口去往不同方向的信息流，如图6-3-1所示。

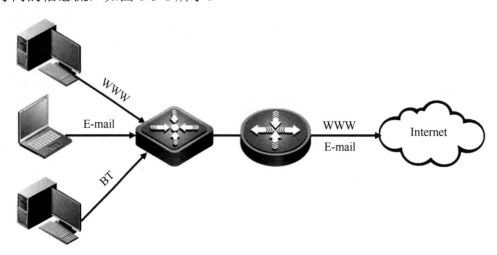

图 6-3-1 ACL 控制不同的数据流通过网络

这种机制允许用户使用访问控制列表来管理信息流，以制定内部网络的相关策略。

通过 ACL 可以限制网络中的通信数据类型及网络的使用者。ACL 在数据流通过路由器或交换机时对其进行分类过滤，并对从指定端口输入的数据流进行检查，根据匹配条件决定允许（Permit）其通过还是丢弃（Deny）。

2. 访问控制列表

ACL 最直接的功能便是包过滤。通过访问控制列表可以在路由器、三层交换机上进行网络安全属性配置，可以实现对进入路由器、三层交换机的输入数据流的过滤。过滤输入数据流的定义可以基于网络地址、TCP/UDP 的应用等。

IP ACL 安全技术简单地说就是数据包过滤技术。网络管理人员通过配置网络设备，来实施对网络中通过的数据包的过滤，从而实现对网络资源的安全访问控制。IP ACL 安全实施的内容是编制一张规则检查表，这张表中包含了很多简单指令规则，告诉设备哪些数据包可以接收，哪些数据包需要被拒绝。

3. ACL 的类型

安装在网络中的三层设备，按照编制完成的 IP ACL 中的指令顺序，依次检查、执行这些规则，处理每一个进入或输出端口的数据包，实现对网络中数据包的过滤。通过在网络设备上灵活配置 IP ACL，以作为一种网络控制工具过滤流入和流出的数据包，可以确保网络的安全，因此有时也把 IP ACL 称为软件防火墙，其具备和防火墙一样的保护功能。

最为常见的 IP ACL 使用编号来进行区分，一般可以分为两类：标准访问控制列表（Standard ACL）和扩展访问控制列表（Extended ACL）。在规则中使用不同的编号区别它们，其中标准访问控制列表的编号取值范围为 1~99，扩展访问控制列表的编号取值范围为100~199。

两种编号的 IP ACL 的区别如下：标准编号 IP ACL 只匹配、检查数据包中携带的源地址信息；扩展编号 IP ACL 不仅仅匹配、检查数据包中的源地址信息，还检查数据包的目的地址，以及数据包的特定协议类型、端口号等。扩展访问控制列表规则大大扩展了网络设备对三层数据流的检查细节，为网络的安全访问提供了更多的访问控制功能。

4. ACL 组成

一个 ACL 由一系列的表项组成，ACL 中的每个表项称为存取控制项（Access Control Entry，ACE），主要的动作为允许和拒绝，主要的应用方法为入栈（In）应用和出栈（Out）应用，如图 6-3-2 所示。

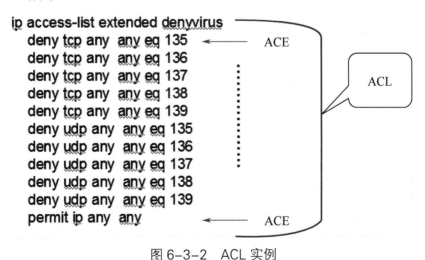

图 6-3-2　ACL 实例

ACE 主要包含识别字段和动作两部分。

● **识别字段**：数据的特征如果和该字段完全匹配，则说明匹配了 ACE 条目。

● 动作：常见动作有 Permit 和 Deny 两个。当数据匹配后执行相关操作。

按照 ACE 的编号依次匹配，当数据匹配了某个 ACE 时，执行相关动作并退出 ACL。若不匹配 ACE，则不执行相关动作并继续向下匹配；若所有 ACE 都不匹配，则默认执行 Deny 动作。

5. 部署标准 ACL

标准 ACL，只检查收到的 IP 数据包中的源 IP 地址信息，以控制网络中数据包的流向。如果要阻止来自某一特定网络中的所有通信流，或者允许来自某一特定网络的所有通信流，可以使用标准访问控制列表来实现，如图 6-3-3 所示。

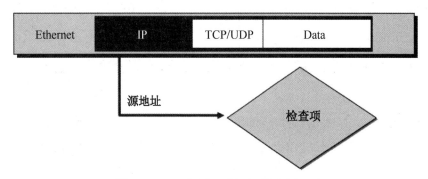

图 6-3-3　标准 ACL 只检查源 IP

基于编号的标准访问控制列表的重要特征如下：通过编号 1～99 来区别不同的 ACL；通过检查 IP 数据包中的源地址信息来区别不同的 ACL。数据包在通过网络设备时，设备解析 IP 数据包中的源地址信息，对匹配成功的数据包采取拒绝或允许操作。

在编制标准 IP ACL 规则时，使用编号 1～99，区别同一设备不同的 IP ACL 列表条数。

（1）配置标准 ACL。

```
Ruijie(config)#access-list number {deny | permit} 源地址
```

（2）将 ACL 应用到端口。

```
Ruijie(config)#interface interface-id
Ruijie(config-if-FastEthernet 0/1)#ip access-group number {int | out}
```

在此过程中有以下要点。

● 同一个 ACL 可写多条 ACE，可以重复上述写法，但 ACL 的编号要相同。

● 标准访问控制列表的编号范围为 1～99 和 1300～1999。

● 配置识别字段时如果匹配所有，则可以写"any"；匹配一个 IP 地址，则可写"host IP 地址"；如果匹配一个网段，则可以使用"网络号加反掩码"的方式。

● 在调用时需写明数据的方向。

6.3.2 配置扩展访问控制列表

1. 概述

扩展访问控制列表相对标准访问控制列表来说更加灵活。使用标准访问控制列表只能通过源 IP 地址控制，如果源地址满足条件，则无论其他字段如何配置数据都满足条件。而使用扩展访问控制列表只有当源 IP、目的 IP、协议等都满足条件数据时才进行匹配。

2. 扩展访问控制列表

基于编号的扩展访问控制列表的重要特征如下：通过编号 100～199 来区别不同的 IP ACL；不仅需要检查数据包源 IP 地址，还需要检查数据包中目的 IP 地址、源端口、目的端口、建立连接和 IP 优先级等特征信息，如图 6-3-4 所示。

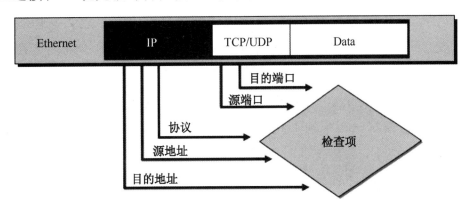

图 6-3-4 基于编号的扩展访问控制列表

数据包在通过网络设备时，设备解析 IP 数据包中的多种类型信息特征，对匹配成功的数据包采取拒绝或允许操作。

扩展访问控制列表在 IP 数据包的过滤方面增加了更多的精细度控制，具有比标准 IP ACL 更强大的数据包检查功能。

和标准 ACL 相比，扩展 ACL 也存在一些缺点：配置管理难度加大，考虑不周容易限制正常访问；扩展 ACL 会消耗路由器更多的 CPU 资源。在选择中低档路由器进行网络连接时，应尽量减少扩展 ACL 条数，以提高工作效率。

3. 部署扩展 ACL

（1）配置 ACL。

```
Ruijie(config)#access-list number {deny | permit} 协议 源地址 [eq 源端口] 目的地址[eq 目的端口]
```

（2）调用。

```
Ruijie(config)#interface interface-id
```

```
Ruijie(config-if-FastEthernet 0/1)#ip access-group number {int | out}
```

在此过程中有以下要点。

- 同一个 ACL 可写多条 ACE，可以重复上述写法，但 ACL 的编号要相同。
- 扩展访问控制列表的编号范围为 100～199 和 2000～2699。
- 配置识别字段时如果匹配所有，则可以写"any"；匹配一个 IP 地址，则可写"host IP 地址"；如果匹配一个网段，则可以使用"网络号加反掩码"的方式。
- 协议可为 IP、TCP、UDP 等，如果是 TCP 或 UDP 还可以加端口。
- 在调用时需写明数据的方向。

6.3.3 配置时间访问控制列表

1. 概述

基于时间的访问控制列表技术，是在标准访问控制列表和扩展访问控制列表基础上的扩展，通过在规则配置中加入有效的时间范围，从而更有效地控制网络在时间上的限制范围。

实施时间的 ACL 需要先定义一个时间范围，然后在原来各种访问控制列表的基础上应用它。通过它可以根据一天中的不同时间，或者根据一周中的不同日期控制网络范围。

例如，在学校网络中，希望上课时禁止学生访问学校服务器，而下课时允许学生访问。时间 IP ACL 场景如图 6-3-5 所示。

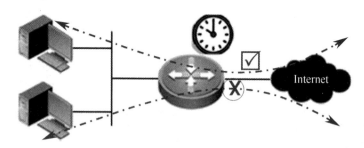

图 6-3-5　时间 IP ACL 场景

基于时间的 IP ACL，对于编号 IP ACL 和名称 IP ACL 均适用。

实现所配置的 ACL 只在一个特定的时间段内生效，如在办公时间（9:00～18:00）只允许访问 Web 网页，其他应用被禁止。

除了办公时间，任何网络应用都可以使用。这时需要配置基于时间的 ACL，再将时间信息调用到相关 ACE 条目上。

2. 定义时间 IP ACL 规则

创建基于时间的 IP ACL，需要依据两个要点：使用参数"time-range"定义一个时间段；编制编号 IP ACL 或者名称 IP ACL，再将 IP ACL 规则和时间段结合起来应用。

ACL 需要和时间段结合起来应用，即基于时间的 ACL。事实上，基于时间的 ACL 只是在 ACL 规则后，使用参数"time-range"为此规则指定一个时间段，只有在此时间范围内，此规则才会生效，各类 ACL 规则均可使用时间段。

时间段可分为三种类型：绝对（Absolute）时间段、周期（Periodic）时间段和混合时间段。

（1）绝对时间段：表示一个时间范围，即从某时刻开始到某时刻结束，如 1 月 5 日早晨 8 点到 3 月 6 日早晨 8 点。

（2）周期时间段：表示一个时间周期，如每天早晨 8 点到晚上 6 点，或每周一到每周五的早晨 8 点到晚上 6 点。

（3）混合时间段：将绝对时间段与周期时间段结合起来，称为混合时间段，如 1 月 5 日到 3 月 6 日每周一至周五早晨 8 点到晚上 6 点。

在全局配置模式下，使用如下命令创建并配置时间段，当执行此命令后，系统将进入时间段配置模式。

3. 配置方法

（1）正确配置设备时间。
```
Ruijie#clock set XX:XX:XX mouth day year
```
（2）定义时间段。
```
Ruijie(config)#time-range name
Ruijie(config-time-range)#periodic 时间段
```
（3）为 ACL 中特定 ACE 关联定义好的时间段。
```
Ruijie(config)#access-list number {deny | permit} 条件 time-range name
```
需要注意以下几点。

- 设置时间段时，常见的参数有：Daily（每天）；Friday（星期五）；Monday（星期一）；Saturday（星期六）；Sunday（星期日）；Thursday（星期四）；Tuesday（星期二）；Wednesday（星期三）；Weekdays（星期一到星期五）；Weekend（星期六和星期天）。
- 时间 ACL 可配置在扩展访问控制列表和标准访问控制列表的 ACE 中。
- 当时间在其范围内时，对应的 ACE 生效。

类似这种基于时间的应用控制，由于实际中涉及的应用类型比较复杂，因此多在出口位置采用专用的设备进行控制。

【综合实训 27】配置编号标准访问控制列表

网络场景

如图6-3-6所示为配置编号标准访问控制列表示意图，PC1连接在路由器的Fa0/1端口，PC2连接在路由器的 Fa0/2 端口。PC1 的 IP 地址为 192.168.10.1/24，PC2 的 IP 地址是 192.168.20.1/24。

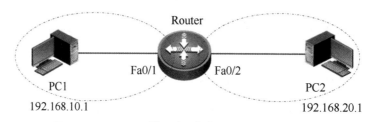

图 6-3-6　配置编号标准访问控制列表示意图

路由器 Fa0/1 端口的 IP 地址为 192.168.10.254/24，充当 PC1 的网关；路由器 Fa0/2 端口的 IP 地址为 192.168.20.254/24，充当 PC2 的网关。正常情况下，两台 PC 可以通信，现要求 PC1 和 PC2 不能通信，但 PC1 换成同网段其他设备时可以和 PC2 通信。

备注 1：根据实训设备配置情况，选择设备对应端口名称，如 Fa0/1 或 Gi0/1。如果使用锐捷模拟器搭建环境配置，需要在以下配置中将端口名称做相应修改。在锐捷模拟器中，路由器的三层端口也需要使用"no switch"命令，切换到三层端口配置模式，然后才可以配置 IP 地址。

备注 2：根据实训设备情况，也可以选择三层交换机设备完成本项目实训。

实施过程

1. 配置计算机的 IP 地址及网关

按图 6-3-6 配置计算的 IP 地址及网关。

2. 配置交换机的 IP 地址

```
Ruijie#config terminal
Ruijie(config)#hostname Router
Router(config)#int Fa 0/1
Router(config-if-FastEthernet 0/1)#ip address 192.168.10.254 255.255.255.0
Router(config-if-FastEthernet 0/1)#exit
Router(config)#int Fa 0/2
Router(config-if-FastEthernet 0/2)#ip address 192.168.20.254 255.255.255.0
Router(config-if-FastEthernet 0/2)#exit
```

3. 配置编号标准访问控制列表

```
Router(config)#access-list 1 deny host 192.168.10.1
                          ! 该表不允许源地址为 192.168.10.1 的数据通过
Router(config)#access-list 1 permit 192.168.10.0 0.0.0.255
                          ! 允许 192.168.10.0/24 其他地址数据通过
```

备注: 该 ACL 可以配置多条规则, 但编号要相同。

4. 部署 ACL

```
Router(config)#int Fa 0/1
Router(config-if-FastEthernet 0/1)#ip access-group 1 in
                          ! 将访问控制列表用到 F0/1 端口的入方向
Router(config-if-FastEthernet 0/1)#exit
```

备注: 可调用 Fa0/2 端口的 out 方向。

5. 验证

PC1 不能 Ping 通 PC2, 但将 PC1 的 IP 地址变为 192.168.10.5 后可以和 PC2 通信。

小贴士

限于实训环境和条件, 用户也可以使用华为 eNSP 模拟器, 完成上述实训操作, 扫描下方二维码, 阅读配套的实训过程文档。

综合实训 27

【综合实训 28】配置扩展访问控制列表

网络场景

如图 6-3-7 所示为配置扩展访问控制列表示意图, PC1、PC2 和 PC3 连接在交换机 Fa0/1、Fa0/2 和 Fa0/3 端口上。其中, PC1 的 IP 地址为 192.168.1.1/24, PC2 的 IP 地址为 192.168.1.2/24, PC3 的 IP 地址为 192.168.1.3/24。

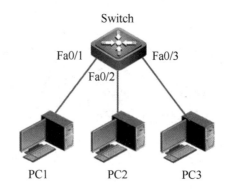

图 6-3-7　配置扩展访问控制列表示意图

需要保证 PC1 和 PC3 不能通信，PC2 和 PC3 可以通信，PC1 和 PC2 也可以通信。

备注：根据实训设备配置情况，选择设备对应端口名称，如 Fa0/1 或 Gi0/1。如果使用锐捷模拟器搭建环境配置，需要在以下配置中将端口名称做相应修改。

实施过程

1. 配置计算机的 IP 地址

按图 6-3-7 配置计算机的 IP 地址。

2. 配置扩展访问控制列表

```
Ruijie#config terminal
Ruijie(config)#hostname Switch
Switch(config)#access-list 101 deny ip host 192.168.1.1 host 192.168.1.3
Switch(config)#access-list 101 permit ip host 192.168.1.1 host 192.168.1.2
Switch(config)#
```

备注：可简化配置，即输入命令"permit ip host 192.168.1.1 host 192.168.1.2"实现该功能。

3. 应用到 Fa0/1 端口的 In 方向

```
Switch(config)#int Fa0/1
Switch(config-if-FastEthernet 0/1)#ip access-group 101 in
```

4. 验证

PC1 不能和 PC3 通信，PC1 可以和 PC2 通信，PC2 可以和 PC3 通信。

小贴士

限于实训环境和条件，用户也可以使用华为 eNSP 模拟器，完成上述实训操作，扫描右方二维码，阅读配套的实训过程文档。

综合实训 28

【综合实训 29】配置时间访问控制列表

网络场景

如图 6-3-8 所示为配置时间访问控制列表示意图,PC1、PC2 分别连接在交换机的 Fa0/1、Fa0/2 端口上。PC1 的 IP 地址为 192.168.1.1/24,PC2 的 IP 地址为 192.168.1.2/24。

每天 9:00～12:00 两个用户可以通信,其他时间不能通信。

备注: 根据实训设备配置情况,选择设备对应端口名称,如 Fa0/1 或 Gi0/1。

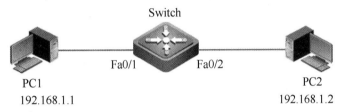

图 6-3-8 配置时间访问控制列表示意图

实施过程

1. 配置计算机的 IP 地址

按图 6-3-8 配置计算机的 IP 地址。

2. 配置时间段

```
Ruijie#config terminal
Ruijie(config)#hostname Switch
Switch(config)#time-range dingxiligongxuexiao
Switch(config-time-range)#periodic weekdays 9:00 to 12:00
Switch(config-time-range)#exit
```

3. 配置访问控制列表

```
Switch(config)#access-list 1 permit host 192.168.1.1 time-range dingxi
ligongxuexiao
```

4. 应用到 F0/1 端口的 In 方向

```
Switch(config)#int Fa 0/1
Switch(config-if-FastEthernet 0/1)#ip access-group 1 in
```

备注: 需要先保证时间正确。

5. 验证

在规定时间内 PC1 可以 Ping 通 PC2。

小贴士

限于实训环境和条件，用户也可以使用华为 eNSP 模拟器，完成上述实训操作，扫描下方二维码，阅读配套的实训过程文档。

综合实训 29

任务6.4 配置名称访问控制列表安全

6.4.1 配置标准名称访问控制列表安全

1. 概述

基于编号的 ACL 是访问控制列表发展早期应用最为广泛的技术之一。其中，标准的 IP ACL 使用数字编号 1～99 和 1 300～1 999，扩展 IP ACL 使用数字编号 100～199 和 2000～2699。

但使用编号 IP ACL 不容易识别，数字编号不容易区分，有耗尽的可能，特别是基于编号的 IP ACL 在修改上非常不方便。因此，近年来，随着网络设备的性能改善及技术的进步，基于名称的 IP ACL 应运而生，基于名称的 IP ACL 在技术开发上避免了以上基于编号的 IP ACL 在应用上的不足。

2. 基于名称的访问控制列表规则

基于名称的 IP ACL 在规则编辑上使用了一组字符串，来标识编制完成的安全规则，具有"见名识意"的效果，方便了网络管理人员管理。除了命名及在编写规则的语法上稍有不同，其他诸如检查的元素、默认的规则等都与编号的访问控制列表相同。

此外，基于名称的 IP ACL 同样分为标准 IP ACL 和扩展 IP ACL。与编号 IP ACL 相比，名称 IP ACL 的主要优点如下。

- 允许管理员给 ACL 指定一个描述性的名称，能"见名识意"。
- 允许管理生成超过 99 个标准的 ACL 或超过 100 个扩展的 ACL，这是可以建立的 ACL 数的初始限制。
- 引入有序的 ACL，允许插入和删除特定的 ACL 条目。

基于编号的 IP ACL 有一个弊端，设置完成 IP ACL 规则后，若发现其中某条有问题需要修改或删除的话，只能将 IP ACL 信息全部删除，也就是说，修改或删除一条 IP ACL 信息，都会影响到整个 IP ACL 列表，从而给其带来繁重负担。

基于名称的 IP ACL 在编制完成后，可以很方便地修改。因此使用基于名称的 IP ACL 进行管理，可以减少很多后期维护的工作，方便随时调整 IP ACL 规则。

3. 配置方案

创建名称 IP ACL 与编号 IP ACL 的语法命令不同，名称 IP ACL 使用"ip access-list"命令开头。在配置标准 ACL 时，可以使用编号来命名 ACL。为了表明 ACL 的作用，也可以用字母表示 ACL。

当使用字母表示 ACL 时的命令写法如下。

```
Ruijie(config)#ip access-list standard name      ! 创建 IP 标准访问控制列表
Ruijie(config-acl)#{deny | permit} 源地址         ! 在列表中配置 ACE
```

- 使用这种写法时，名称可以使用数字或字母。
- 可在列表内添加多条 ACE。
- ACE 中的内容和使用编号一致。
- 调用时使用的名称和其使用的名称一致。

在端口模式中，应用名称 IP ACL 与应用编号 IP ACL 的方法和命令一样，只要将编号替换为名称"name"即可。

```
Router(config)#ip access-group name { in | out }
                      ! name 表示 ACL 名称，与之前创建的 ACL 名称要保持一致
```

6.4.2 配置扩展名称访问控制列表安全

创建扩展名称 IP ACL 与标准 IP ACL 的语法命令相同，也使用"ip access-list"命令开头。在配置扩展 ACL 时，也可以用字母表示 ACL。

使用"ip access-list extended"命令建立命名的扩展 ACL，后面跟 ACL 名称，执行该命令时进入子配置模式，输入"permit"或"deny"命令，其语法和编号 ACL 相同，并且支持相同的选项。

如果使用字母表示 ACL，其写法如下。

```
Ruijie(config)#ip access-list extended name      ! 创建 IP 扩展访问控制列表
Ruijie(config-acl)#{deny | permit} 协议 源地址 [eq 源端口] 目的地址 [eq 目的端口]
                                                  ! 在列表中配置 ACE
```

- 使用这种写法时，名称可以使用数字或字母。
- 可在列表内添加多条 ACE。
- ACE 中的内容和使用编号一致。

在端口模式中，应用名称 IP ACL 与应用编号 IP ACL 的方法和命令一样，只要将编号替换为名称"name"即可。

```
Router(config)#ip access-group name { in | out }
                      ! name 表示 ACL 名称，与之前创建的 ACL 名称要保持一致
```

【综合实训 30】配置名称访问控制列表

网络场景

如图 6-4-1 所示为配置名称访问控制列表示意图,网段 172.16.1.0 中的主机能够访问 172.17.1.1 中的 FTP 服务和 Web 服务,而对该服务器的其他服务禁止访问,但可以访问 172.17.1.2 的任何服务。

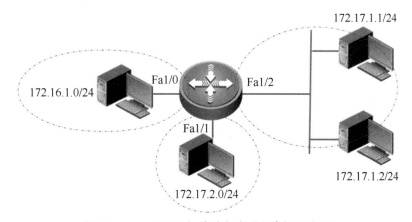

图 6-4-1 配置名称访问控制列表示意图

备注 1: 根据实训设备配置情况,选择设备对应端口名称,如 Fa0/1 或 Gi0/1。如果使用锐捷模拟器搭建环境配置,需要在以下配置中将端口名称做相应修改。在锐捷模拟器中,路由器的三层端口也需要使用 "no switch" 命令,切换到三层端口配置模式,然后才可以配置 IP 地址。

备注 2: 根据实训设备情况,也可以使用交换机设备完成本实训。

实施过程

1. 配置计算机的 IP 地址和网关

按图 6-4-1 配置计算机的 IP 地址和网关。

2. 地址配置

```
Ruijie#config terminal
Ruijie(config)#hostname Router
Router(config)#int Fa1/0
Router(config-if-FastEthernet 1/0)#ip address 172.16.1.254 255.255.255.0
Router(config-if-FastEthernet 1/0)#exit
Router(config)#int Fa1/1
Router(config-if-FastEthernet 1/1)#ip address 172.16.2.254 255.255.255.0
```

```
Router(config-if-FastEthernet 1/0)#exit
Router(config)#int Fa1/2
Router(config-if-FastEthernet 1/0)#ip address 172.17.1.254 255.255.255.0
Router(config-if-FastEthernet 1/0)#exit
```

3. 配置访问控制列表

```
Router(config)#ip access-list extended dingxi
Router(config-ext-nacl)#permit tcp 172.16.1.0 0.0.0.255 host 172.17.1.1 eq
www
Router(config-ext-nacl)#permit tcp 172.16.1.0 0.0.0.255 host 172.16.1.1 eq
ftp
Router(config-ext-nacl)#permit tcp 172.16.1.0 0.0.0.255 host 172.16.1.1
eq ftp-data
Router(config-ext-nacl)#permit ip 172.16.1.0 0.0.0.255 host 172.16.1.2
Router(config-ext-nacl)#exit
```

4. 调用端口

```
Router(config)#int Fa1/0
Router(config-if-FastEthernet 1/0)#ip access-group dingxi in
Router(config-if-FastEthernet 1/0)#exit
```

5. 验证

网段 172.16.1.0 中的主机能够访问 172.17.1.1 中的 FTP 服务和 Web 服务，而对该服务器的其他服务禁止访问，但可以访问 172.17.1.2 的任何服务。

> **小贴士**

限于实训环境和条件，用户也可以使用华为 eNSP 模拟器，完成上述实训操作，扫描下方二维码，阅读配套的实训过程文档。

综合实训 30

【认证测试】

以下选择题均为单选，请寻找正确的或最佳的答案。

1. 下列对 IP 访问控制列表描述中，正确的是 (   )。

    A. 默认的规则是允许所有

    B. 只能对 IP 地址和端口号做限制

    C. 对于同一段 IP 地址的规则，后配置的可以覆盖先配置的

    D. 匹配成功马上停止

2. 下列条件中，能作为标准 ACL 决定报文是转发还是丢弃匹配的条件为 (   )。

    A. 源主机 IP   B. 目标主机 IP

    C. 协议类型   D. 协议端口号

3. 在 ACL 配置中，用于指定拒绝某一主机的配置命令有 (   )。

    A. deny 192.168.12.2 0.0.0.255

    B. deny 192.168.12.2 0.0.0.0

    C. deny host 192.168.12.2   0.0.0.0

    D. deny any

4. 静态路由默认的管理代价为 (   )。

    A. 10   B. 0   C. 100   D. 1

5. 若配置的访问列表为 "access-list 101 permit 192.168.0.0 0.0.0.255 10.0.0.0 0.255.255.255"，则最后默认的规则是 (   )。

    A. 允许所有的数据报通过

    B. 仅允许到 10.0.0.0 的 IP 数据报通过

    C. 拒绝所有数据报通过

    D. 仅允许到 192.168.0.0 的 IP 数据报通过

6. 在 access-list 131 permit ip any 192.168.10.0 0.0.0.255 eq ftp 规则中，any 表示(   )。

    A. 检查源地址的所有 bit 位

    B. 检查目的地址的所有 bit 位

    C. 允许所有的源地址

    D. 允许 255.255.255.255   0.0.0.0

7. 标准访问控制列表的序列规则范围为 (   )。

    A. 1～10   B. 0～100

    C. 1～99   D. 0～100

8. 访问列表是路由器的一种安全策略，以下为标准访问列表的是 (   )。

    A. access-list standard 192.168.10.23

    B. access-list 10 deny 192.168.10.23 0.0.0.0

    C. access-list 101 deny 192.168.10.23 0.0.0.0

D.　access-list 101 deny 192.168.10.23 255.255.255.255

9.　"ip access-group {number} in" 这句话表示（　　）。

   A.　指定端口对输入该端口的数据流进行接入控制

   B.　取消指定端口对输入该端口的数据流进行接入控制

   C.　指定端口对输出该端口的数据流进行接入控制

   D.　取消指定端口对输出该端口的数据流进行接入控制

10.　创建了一个扩展访问列表 101，通过（　　）命令可以把它应用到端口上。

   A.　permit access-list 101 out

   B.　ip access-group 101 out

   C.　access-list 101 out

   D.　apply access-list 101 out

11.　在路由器上配置一个标准的访问列表，只允许所有源自 B 类地址 172.16.0.0 的 IP 数据包通过，那么 wildcard access-list mask 将采用（　　）。

   A.　255.255.0.0　　　　　　　B.　255.255.255.0

   C.　0.0.255.255　　　　　　　D.　0.255.255.255

12.　计费服务器 IP 地址在 192.168.1.0 子网内，为保证计费服务器安全，不允许用户 Telnet 到该服务器，配置访问列表条目为（　　）。

   A.　access-list 11 deny tcp 192.168.1.0 0.0.0.255 eq telnet/access-list 111 permit ip any any

   B.　access-list 111 deny tcp any 192.168.1.0 eq telnet/access-list 111 permit ip any any

   C.　access-list 111 deny udp 192.168.1.0 0.0.0.255 eq telnet/access-list 111 permit ip any any

   D.　access-list 111 deny tcp any 192.168.1.0 0.0.0.255 eq telnet/access-list 111 permit ip any any

13.　下列（　　）协议主要用于加密机制。

   A.　HTTP　　B.　FTP　　　　C.　TELNET　　D.　SSL

14.　下列选项中，属于被动攻击的恶意网络行为的是（　　）。

   A.　缓冲区溢出　　　　　　　B.　网络监听

   C.　端口扫描　　　　　　　　D.　IP 欺骗

15.　交换机端口安全管理不包括（　　）。

   A.　此端口最多可通过的 MAC 地址数目

   B.　违反规则后的处理策略

C. 端口与固定 MAC 地址绑定

D. 此端口最少可通过的 MAC 地址数目

16. 配置端口安全存在（　　）限制。

A. 一个安全端口必须是一个 ACCESS 端口

B. 一个安全端口不能是一个聚合端口

C. 一个安全端口不能是一个 SPAN 的目的端口

D. 只能在奇数端口上配置安全端口

17. 小于（　　）的 TCP/UDP 端口号已保留与现有服务一一对应，此数字以上的端口号可自由分配。

A. 199　　　　B. 100　　　　C. 1024　　　　D. 2048

18. 在交换机上配置了"enable secret level 1 0 star"且激活了 VLAN 1 的 IP 地址，下列说法中，正确的是（　　）。

A. 可以对交换机进行远程管理

B. 只能进入交换机的用户模式

C. 不能判断 VLAN 1 是否处于 UP 状态

D. 可以对交换机进行远程登录

19. 在 Windows 的命令行下输入"telnet 10.1.1.1"预 telnet 到交换机进行远程管理，则该数据的源端口号和目的端口号分别为（　　）。

A. 1025，21　　　　　　B. 1024，23

C. 23，1025　　　　　　D. 21，1022

20. 为了防止冲击波病毒，在路由器上可采用（　　）技术。

A. 网络地址转换

B. 标准访问列表

C. 私有地址来配置局域网用户地址以使外网无法访问

D. 扩展访问列表

项目 7

配置防火墙设备

为保障北京延庆某中心小学校园网的安全，防范来自 Internet 上的网络安全攻击事件的发生，需要在校园网的网络中心安装一台防火墙设备，用来保障校园网安全，防范互联网攻击，如图 7-1-1 所示。

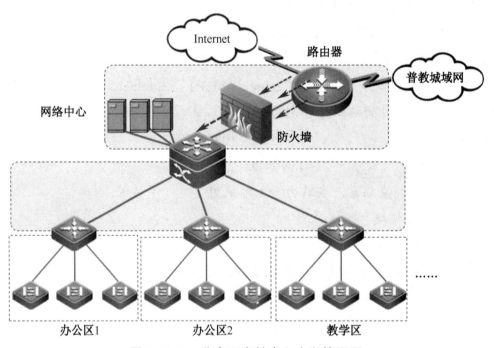

图 7-1-1　北京延庆某中心小学校园网

本项目任务

○　任务 7.1　配置防火墙基础技术

○　任务 7.2　配置防火墙设备

任务 7.1 配置防火墙基础技术

7.1.1 防火墙概述

1. 防火墙

防火墙（Firewall）是指设置在不同网络（如可信任的企业内部网络和不可信的公共网络）或网络安全域之间的一系列部件的组合，是一种重要的网络防护设备。

防火墙犹如一道护栏隔在被保护的内部网与不安全的外部网之间，阻断来自外部网针对内部网的入侵和威胁，保护内部网的安全，如图 7-1-2 所示。

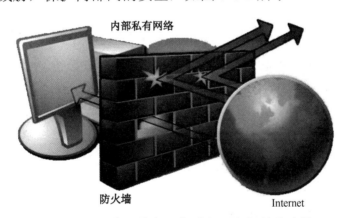

图 7-1-2　位于内部网与外部网之间的防火墙

防火墙是不同网络或网络安全域之间信息传递的唯一出入口，能根据企业的安全策略，控制（允许、拒绝、监测）出入网络的信息流，具有较强的抗攻击能力。

防火墙如同大楼的警卫一般，允许"同意"的人进入，将"不同意"的人拒之门外，最大限度地阻止破坏者访问网络，防止更改、复制和毁坏网络中的重要信息。

如图 7-1-3 所示为防火墙保护内部网安全示意图，内部网和外部网之间的数据流量都需要经过防火墙的安全过滤。

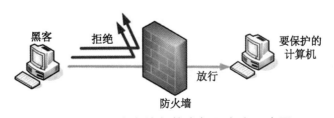

图 7-1-3　防火墙保护内部网安全示意图

2. 区分防火墙类型

防火墙有硬件防火墙和软件防火墙两种形态。

（1）硬件防火墙。

硬件防火墙是指把防火墙程序做到设备的芯片内部，由硬件执行 IP 数据包过滤等安全检查，从而减少 CPU 负担，加快 IP 数据包的转发速度，如图 7-1-4 所示。

图 7-1-4　硬件防火墙

（2）软件防火墙。

软件防火墙安装在 Windows 平台上，从而实现 IP 数据包的过滤检查，如图 7-1-5 所示。由于软件防火墙需要通过软件检查，所以速度比较慢，其安全检测能力远不及硬件防火墙。

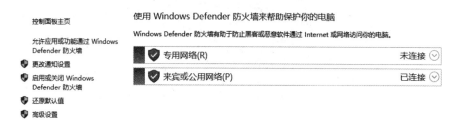

图 7-1-5　Windows10 操作系统自带的软件防火墙

此外，常见的软件防火墙还有 360 软件防火墙、赛门铁克软件防火墙等。

7.1.2　开启计算机上的 Windows Defender 防火墙软件

1. Windows 10 操作系统防火墙

Windows Defender 防火墙是 Windows 10 操作系统中自带的软件防火墙，用于保护本机安全。

单击"控制面板"→"系统和安全"选项，打开"系统和安全"窗口，即可查看"Windows Defender 防火墙"保护的模块内容，如图 7-1-6 所示。

控制面板 ＞ 系统和安全 ＞

图 7-1-6　Windows Defender 防火墙 1

2. 查看 Windows 防火墙保护的网络

打开"控制面板"窗口，单击"Windows Defender 防火墙"图标，即可打开 Windows 10 操作系统自带的 Windows Defender 防火墙，如图 7-1-7 所示。用户可以查看 Windows Defender 防火墙的防御状态，以及保护的网络类型，如专用网络、公用网络、域网络。

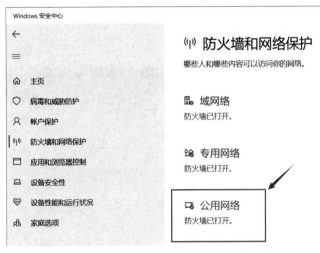

图 7-1-7　Windows Defender 防火墙 2

计算机一次只能连接到一种网络类型上，即选择一种网络类型，显示当前连接的网络安全状态信息，如图 7-1-8 所示。

图 7-1-8　Windows 防火墙保护公用网络

开启"Windows Defender 防火墙"按钮，进入"自定义各类网络的设置"界面，修改每种网络类型的防火墙选项，如图 7-1-9 所示。

图 7-1-9　自定义各类网络的设置

3. 查看 Windows 防火墙保护的应用

为了保护网络安全，通过 Windows Defender 防火墙可以添加、更改或删除部分应用。

单击"控制面板"→"系统和安全"→"允许应用通过 Windows 防火墙"选项，如图 7-1-10 所示。

图 7-1-10　允许应用通过 Windows 防火墙

在"允许应用通过 Windows 防火墙"界面中，显示了本机的日常应用，了解各种日常应用在上网通信时的功能，如图 7-1-11 所示。

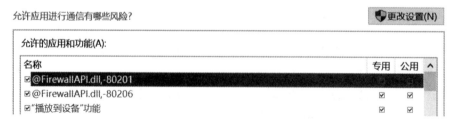

图 7-1-11　"允许应用通过 Windows 防火墙"界面

找到计算机中的日常应用，单击"更改设置"按钮，对该应用进行"允许"或"删除"操作，设置保护应用的状态，如图 7-1-12 所示。

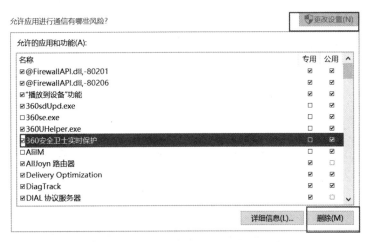

图 7-1-12　设置保护应用的状态

4. 关闭 Windows Defender 防火墙，测试网络连通

在计算机的网络故障排除中，经常使用 "Ping" 命令测试网络连通性。Windows 10 操作系统默认自动开启 Windows Defender 防火墙，防范来自外部的网络攻击。为了保障测试正常，需要关闭 Windows Defender 防火墙，放行测试报文。

在计算机的控制面板中，单击 "Windows Defender 防火墙" 选项，在打开 "Windows Defender 防火墙" 窗口中单击 "启用或关闭 Windows Defender 防火墙" 选项，如图 7-1-13 所示。

图 7-1-13　启用或关闭 Windows Defender 防火墙

选中 "关闭 Windows Defender 防火墙" 单选按钮，即可关闭 Windows Defender 防火墙，如图 7-1-14 所示。

图 7-1-14　关闭 Windows Defender 防火墙

【综合实训 31】开启 Windows Defender 防火墙安全策略

网络场景

勒索软件（Ransomware）是一种通过邮件、网页、移动介质等多种方式传播的恶意软件，在受害者计算机的文件中（如 Word、Excel、图片等）留下索取一定赎金的信息，如图 7-1-15 所示。

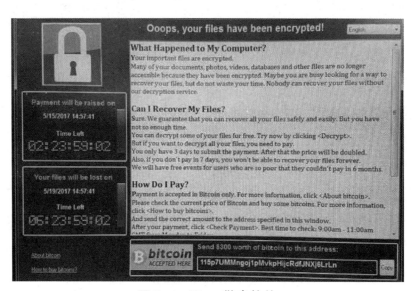

图 7-1-15　勒索软件

勒索软件利用 Windows 操作系统闲置的 135、137、138、139、445 端口，侵入个人计算机网络系统。应对勒索软件的方法之一，就是利用 Windows Defender 防火墙软件，关闭这些端口。

在"控制面板"窗口中单击"Windows Defender 防火墙"图标，打开"Windows Defender 防火墙配置"窗口，单击"高级设置"选项，如图 7-1-16 所示。

图 7-1-16　单击"高级设置"选项

打开"高级安全 Windows Defender 防火墙"窗口，单击"入站规则"选项，并在右侧窗格中单击"新建规则"选项，如图 7-1-17 所示。

图 7-1-17 新建"入站规则"

在"规则类型"界面中，选中"端口"单选按钮，如图 7-1-18 所示，然后单击"下一步"按钮。

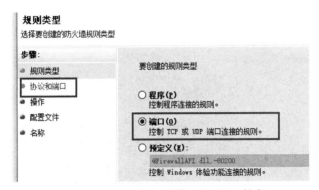

图 7-1-18 选中"端口"单选按钮

选中"特定本地端口"单选按钮，然后在提供的字段中输入端口号，如本例中的"137"端口，如图 7-1-19 所示。

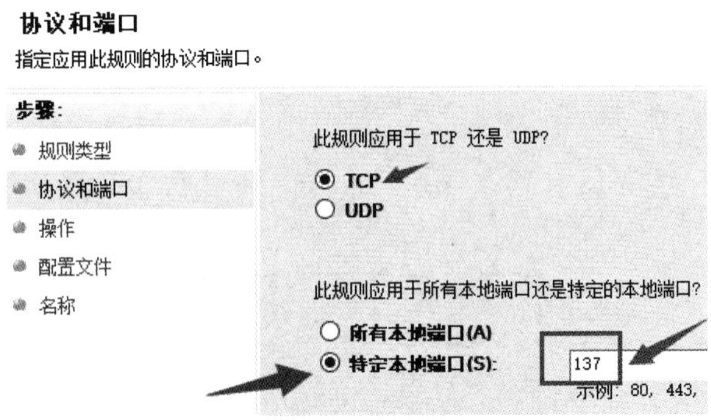

图 7-1-19 输入端口号

如果打开多个不连续端口，用逗号分隔，如 135，137，138，139，445。如果打开一系列连续端口，使用连字符（-）分隔，如 137-139 等。

设置完成后，单击"下一步"按钮，进入操作界面，为该端口配置相应的动作，如本例中设置"阻止连接"，如图 7-1-20 所示。

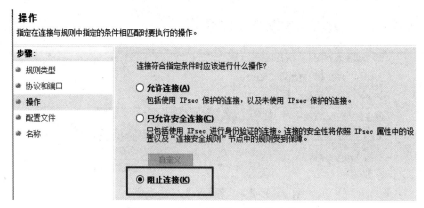

图 7-1-20 为端口配置动作

接下来选择规则适用网络连接时间，可以选择以下一项或全部，如图 7-1-21 所示，然后单击"下一步"按钮。

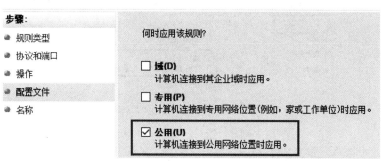

图 7-1-21 选择规则适用网络连接时间

在"名称"界面中为新规则命名，并提供一个详细描述，如图 7-1-22 所示。设置完成后单击"完成"按钮。

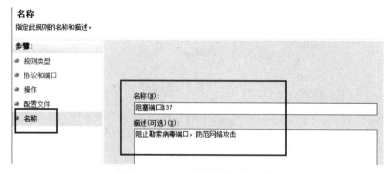

图 7-1-22 为新规则命名

返回"高级安全 Windows Defender 防火墙"窗口，可以看到配置完成的"阻塞端口137"入站规则，如图 7-1-23 所示。

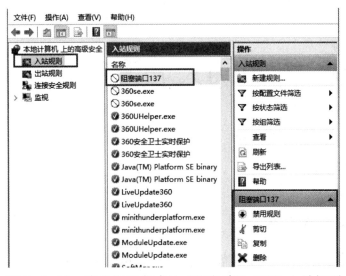

图 7-1-23 查看配置完成的"阻塞端口 137"入站规则

如果禁用该规则，请在入站或出站规则列表中找到它并右击，在弹出的快捷菜单中单击"禁用规则"或"删除"选项即可，如图 7-1-24 所示。

图 7-1-24 禁用或删除规则

任务7.2　配置防火墙设备

认识防火墙设备

1. 认识防火墙的安全系统

随着网络规模的不断扩大，安全问题上的失误和缺陷越来越普遍，对网络的入侵不仅来自高超的攻击手段，也有可能来自配置上的低级错误或不合适的口令选择。

在网络中安装防火墙设备，其作用是防止不希望的、未授权的信息进出被保护的网络。因此，防火墙正在成为控制外部用户，对网络系统安全访问的非常重要的方法。

作为保护内部网络安全的第一道安全防线，防火墙已经成为世界上用得最多的网络安全产品之一。防火墙是一种非常有效的网络安全模型，防火墙保护系统场景如图 7-2-1 所示。

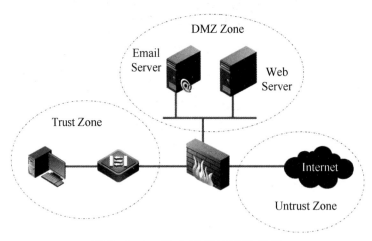

图 7-2-1　防火墙保护系统场景

在逻辑上，防火墙既是一个分离器、限制器，也是一个分析器。它有效监控了内部信任网络（Trust Zone）和 Internet 不信任网络（Untrust Zone）之间的任何活动，并将服务器隔离在非军事区（Demilitarized Zone，DMZ）区域内，保证了内部网络的安全。

2. 认识锐捷防火墙设备

锐捷网络生产的 RG-WALL1600 下一代防火墙系列（以下简称 NGFW），是面向云计算、数据中心和园区及企业网出口用户开发的新一代高性能硬件防火墙设备。

该系列防火墙采用高性能网络转发业务平台，支持入侵防御、端口扫描、流量学习、应用控制、DOS/DDOS 防护等功能，还支持云平台统一管理、远程监控与运维，适用于普教、医院、企业等行业客户网络出口场景。如图 7-2-2 所示。

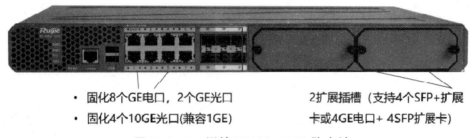

- 固化8个GE电口，2个GE光口
- 固化4个10GE光口(兼容1GE)
- 2扩展插槽（支持4个SFP+扩展卡或4GE电口+ 4SFP扩展卡）

图 7-2-2　锐捷 WALL 1600 防火墙

3. 防火墙的部署模式

安装在网络中的防火墙，通常有四种工作模式：NAT（路由）模式、透明模式、旁路模式和混合模式。

（1）NAT（路由）模式：将防火墙当作网络出口，充分使用防火墙的 NAT、路由选路、行为控制、VPN 等功能的部署方式，如图 7-2-3 所示。

（2）透明模式：当网络具有高性能网络出口，又想使用防火墙安全功能，则可以把防火墙串接在核心交换机和出口路由器之间，不必变更网络拓扑和修改路由配置，就可使用防火墙的安全控制、VPN 等安全功能，如图 7-2-4 所示。

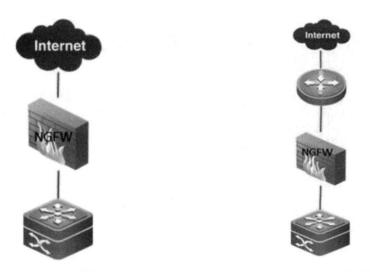

图 7-2-3　NAT（路由）模式　　　　　图 7-2-4　透明模式

（3）旁路模式：当网络已具备高性能网络出口，不想把防火墙串接在内网核心交换机和出口路由器之间，又想使用防火墙的 VPN、DHCP 等功能，可将防火墙像一台服务器一样旁挂在核心交换机上，如图 7-2-5 所示。

（4）混合模式：是指防火墙同时工作于路由模式和透明模式，将一台防火墙分成两个功能域，一个是透明模式，一个是 NAT（路由）模式，将防火墙多个端口划入不同的功能域，实现防火墙混合模式，如图 7-2-6 所示。

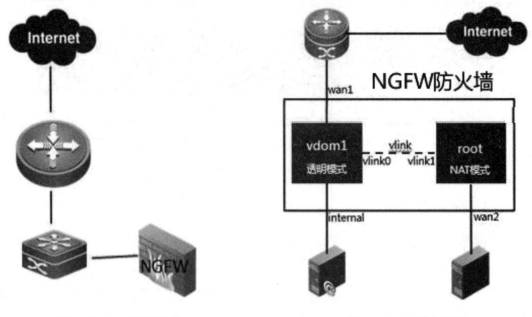

图 7-2-5　旁路模式　　　　　　　图 7-2-6　混合模式

4. 管理防火墙的方式

防火墙的管理方法有 Web 页面管理方式等，如图 7-2-7 所示，目前大部分人会选择使用 Web 页面管理方式。

图 7-2-7　Web 页面管理方式

此外，和其他网络设备配置一样，防火墙也具有类似配置交换机的命令行管理方式，如图 7-2-8 所示。

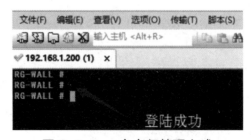

图 7-2-8　命令行管理方式

【综合实训 32】配置防火墙管理权限

网络场景

如图 7-2-9 所示，某学校网络中心为了保护校园网的安全，在校园网络的出口网络中部署了防火墙。现在需要管理员登录防火墙，通过修改管理员权限、管理员用户名和密码、管理主机 IP 地址来加强设备管理的安全性。

图 7-2-9　某学院网络中心安装的防火墙

实施过程

1. 使用 Web 方式登录并管理防火墙

配置计算机并连接防火墙，如图 7-2-10 所示。

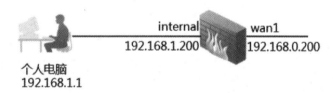

图 7-2-10　配置计算机并连接防火墙

在防火墙出厂配置中，配置 Ge0 端口的 IP 地址 192.168.1.200，并进行 Web 管理；配置计算机的 IP 地址设置为 192.168.1.1/24，并将计算机连接到防火墙的 Ge0 端口，如图 7-2-11 所示。

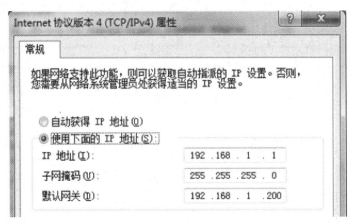

图 7-2-11 配置计算机管理 IP 地址

打开计算机的浏览器，输入防火墙默认登录地址"https：//192.168.1.200"，进入登录防火墙的管理页面，输入用户名（admin）和密码（firewall），然后单击"登录"按钮，进入防火墙登录首页，如图 7-2-12 所示。

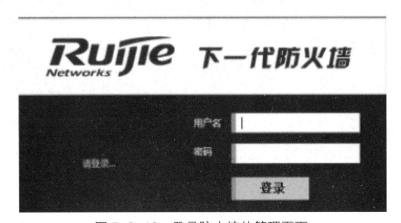

图 7-2-12 登录防火墙的管理页面

登录防火墙后，进入防火墙首页，查看该防火墙的参数信息，如图 7-2-13 所示。

图 7-2-13 防火墙的参数信息

2. 配置防火墙的管理端口参数

防火墙默认其他端口没有配置 IP 地址，也没有开启 HTTPS 等管理功能，此时可开启防火墙的其他端口的配置管理功能。例如，配置防火墙的 wan1 端口的地址为 192.168.0.200/24，开启 Internal 的管理功能。

单击"菜单"→"网络管理"→"接口"选项，配置防火墙的 wan1 端口，如图 7-2-14 所示。

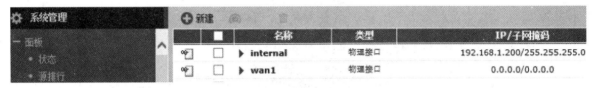

图 7-2-14 配置防火墙的 wan1 端口

双击 wan1 端口后进行编辑，配置防火墙的 wan1 端口 IP 地址为 192.168.0.200/24，开启 HTTPS、PING 和 SSH 管理功能，如图 7-2-15 所示。

图 7-2-15 配置防火墙的 wan1 端口 IP 地址

其中，以上三项的管理访问功能解释如下。

HTTPS：允许用户通过 Web 进行管理。

PING：允许用户 Ping 此端口 IP 地址，如果不勾选此复选框，则在路由可达的情况下 Ping 不通。

SSH：允许用户用 SSH 方式管理设备。

3. 使用 Console 端口方式管理防火墙

若需要使用命令行方式配置并管理防火墙设备，则可通过 Console 线缆连接计算机和防火墙，使用超级终端或 CRT 配置软件进入命令行界面，防火墙默认允许 Console 管理。其中，防火墙命令行的操作命令与锐捷交换机路由器的命令基本类似。

如图 7-2-16 所示，将计算机与防火墙连接起来，配置计算机的连接参数和 CRT 配置软件的参数信息，然后配置防火墙设备。

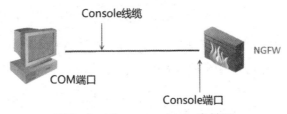

图 7-2-16　console 方式管理

配置完成连接参数后，打开防火墙命令行配置模式，提示输入用户名（设用户名为 admin）及密码（设密码为 firewall），显示结果如图 7-2-17 所示。

图 7-2-17　防火墙的命令行配置模式

4. 修改防火墙的 admin 管理员密码，管理 IP

单击"系统管理"→"管理员设置"→"管理员"选项，编辑用户名"admin"，如图 7-2-18 所示。

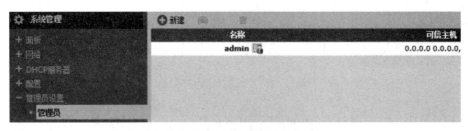

图 7-2-18　配置管理员信息

编辑用户名"admin"（单击"编辑"按钮），单击"更改密码"按钮，输入新密码"ruijie@123"，如图 7-2-19 所示。

图 7-2-19　更改密码

如果可信主机配置为 0.0.0.0/0，则管理 IP 不受限制，任何地址都可以用此账号登录，其安全性不高。勾选"只有从信任主机限制该 Admin 登录"复选框，在"可信任主机 #1"文本框中输入"172.18.10.108/32"，单击"确定"按钮，如图 7-2-20 所示。

图 7-2-20   只有从信任主机限制该 Admin 登录

添加管理员的管理权限。单击"系统管理"→"管理员设置"→"访问内容表"→"新建授权表"选项，然后进行相应设置，如图 7-2-21 所示。

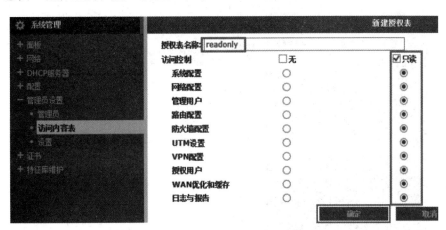

图 7-2-21   添加管理员的管理权限

【综合实训 33】配置防火墙透明桥模式

网络场景

如图 7-2-22 所示，某学校网络中心为了保护校园网安全，在校园网的出口网络中部署了防火墙，使用锐捷的 NGFW 防火墙作为网络出口，该防火墙为透明模式。为简化网络安装过程，不改变现有网络拓扑的前提下，将锐捷的 NGFW 防火墙以透明模式部署到网络中，放在路由器和服务器之间，实现对服务器的保护。

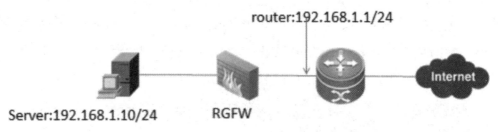

图 7-2-22　某学校网络中心安装透明模式防火墙

实施过程

1. 连接透明模式

如图 7-2-22 所示，连接防火墙和配置计算机，组建校园网的出口网络。

2. 将防火墙配置为透明模式

连接和登录防火墙设备后，在打开的防火墙首页界面中单击"系统管理"→"面板"→"状态"选项，此时可查看防火墙的系统信息，如图 7-2-23 所示。

图 7-2-23　查看防火墙的系统信息

单击"运行模式"下拉按钮，在弹出的下拉列表中单击"透明模式"选项，同时配置管理 IP/掩码和默认网关，如图 7-2-24 所示。

图 7-2-24　配置管理 IP/掩码和默认网关

3. 开启接口的管理权限

如果防火墙配置为透明模式，其所有的端口都将无法配置 IP 地址，此时只有一个用户设备管理的设备 IP 地址。当需要从某个端口管理设备时，需要开启相应端口的管理权限，如图 7-2-25 所示。

	名称	类型	IP/子网掩码
☑	**mgmt1**	物理接口	-
☐	**mgmt2**	物理接口	-
☐	**npu0_vlink0**	物理接口	-
☐	**npu0_vlink1**	物理接口	-
☐	**port1**	物理接口	-
☐	**port2**	物理接口	-

图 7-2-25　开启相应端口的管理权限

4. 添加访问服务器的安全地址

在防火墙首页界面中，单击"防火墙"→"地址"→"地址"选项，在系统信息框中单击"新建"按钮，添加登录的服务器地址，如图 7-2-26 所示。

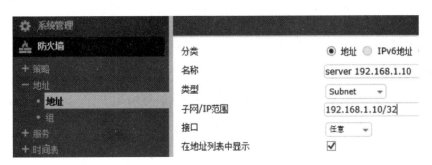

图 7-2-26　添加登录的服务器地址

5. 添加访问服务器的策略

在打开的防火墙首页界面上，单击"防火墙"→"策略"→"策略"选项，在系统信息框中单击"新建"按钮，按如图 7-2-27 所示的内容进行配置，允许外网访问服务器 Server 的 HTTP 服务。

图 7-2-27　添加访问服务器的策略

【认证测试】

以下选择题均为单选，请寻找正确的或最佳的答案。

1. 下列关于防火墙的描述中，不正确的是（　　）。
   A. 防火墙不能防止内部攻击
   B. 如果一个公司信息安全制度不明确，拥有再好的防火墙也没有用
   C. 防火墙可以防止伪装成外部信任主机的 IP 地址欺骗
   D. 防火墙可以防止伪装成内部信任主机的 IP 地址欺骗

2. 防火墙的主要技术不包括（　　）。
   A. 简单包过滤技术　　　　B. 状态检测包过滤技术
   C. 应用代理技术　　　　　D. 帧过滤技术

3. 下列不属于防火墙部署方式的是（　　）。
   A. 透明模式　　　　　　　B. 路由模式
   C. 混合模式　　　　　　　D. 交换模式

4. 下列关于防火墙局限性的描述中，不正确的是（　　）。
   A. 防火墙不能防范不经过防火墙的攻击
   B. 防火墙不能解决来自内部网络的攻击和安全问题
   C. 防火墙不能对非法的外部访问进行过滤
   D. 防火墙不能防止策略配置不当或错误配置引起的安全威胁

5. 下列关于防火墙保障安全的描述中，不正确的是（　　）。
   A. 过滤进出网络的数据
   B. 管理进出网络的访问行为
   C. 没有设置安全情况下，默认允许通过
   D. 记录通过防火墙的信息内容和活动

6. 防火墙能够完全防止传送已被病毒感染的软件和文件（　　）。
   A. 对　　　　　　　　　　B. 错

7. 防火墙的测试性能参数很多，但不包括（　　）。
   A. 吞吐量　　　　　　　　B. 新建连接速率
   C. 并发连接数　　　　　　D. 传输速率

8. 防火墙能够保护网络安全防护，但不包括（　　）动作。
   A. 包过滤　　　　　　　　B. 包的透明转发
   C. 阻挡外部网络攻击　　　D. 防范内部网络攻击

9. 下列选项中，不属于防火墙的缺点和不足是（　　　）。

    A. 防火墙不能抵抗最新的未设置策略的攻击漏洞

    B. 防火墙的并发连接数限制容易导致拥塞或溢出

    C. 防火墙对服务器合法开放的端口的攻击大多无法阻止

    D. 防火墙可以阻止内部主动发起连接的攻击

10. 防火墙中地址翻译的主要作用是（　　　）。

    A. 提供应用代理服务　　　　　　B. 隐藏内部网络地址

    C. 进行入侵检测　　　　　　　　D. 防止病毒入侵

11. 下列对于防火墙不足之处的描述中，错误的是（　　　）。

    A. 无法防止基于操作系统漏洞的攻击

    B. 无法防止端口反弹木马的攻击

    C. 无法防止病毒的侵袭

    D. 无法进行带宽管理

12. 防火墙对数据包进行状态检测包过滤时，不能进行过滤的是（　　　）。

    A. 源和目的 IP 地址　　　　　　B. 源和目的端口

    C. IP 协议号　　　　　　　　　D. 数据包中的内容

13. 防火墙对要保护的服务器作端口映射的好处是（　　　）。

    A. 便于管理

    B. 提高防火墙的性能

    C. 提高服务器的利用率

    D. 隐藏服务器的网络结构，使服务器更加安全

14. 下列关于防火墙发展历程的描述中，正确的是（　　　）。

    A. 第一阶段：基于路由器的防火墙

    B. 第二阶段：用户化的防火墙工具集

    C. 第三阶段：具有安全操作系统防火墙

    D. 第四阶段：基于通用操作系统防火墙

15. 包过滤防火墙的缺点是（　　　）。

    A. 容易受到 IP 欺骗攻击

    B. 处理数据包的速度较慢

    C. 开发比较困难

    D. 代理的服务（协议）必须在防火墙出厂之前进行设定

16. 计算机病毒最本质的特性是（　　　）。

    A. 寄生性　　　B. 潜伏性　　　C. 破坏性　　　D. 攻击性

17. 一般而言，Internet 防火墙建立在一个网络的（   ）。

    A. 内部子网之间传送信息的中枢

    B. 每个子网的内部

    C. 内部网络与外部网络的交叉点

    D. 部分内部网络与外部网络的结合处

18. 如果内部网络的地址网段为 192.168.1.0/24，需要用到防火墙的（   ）功能，才能使用户上网。

    A. 地址映射

    B. 地址转换

    C. IP 地址和 MAC 地址绑定功能

    D. URL 过滤功能

项目 8

配置无线局域网设备

一期建设完成的北京延庆某中心小学校园网无线接入场景如图 8-1-1 所示，由学生教学区的 30 多间多媒体教室、教师办公区的 10 多间办公室两部分组成。该校园网采用二层架构部署，使用高性能的交换机连接网络，从而实现校园网数据的高速传输。其中，在部分办公区和教学区安装无线 AP 设备，实现各种智能无线终端接入网络。

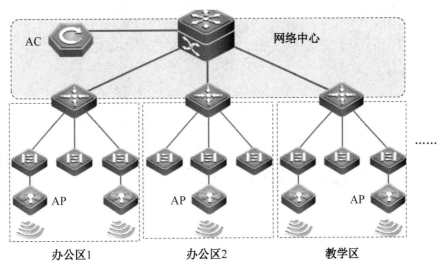

图 8-1-1 一期建设完成的北京延庆某中心小学校园网无线接入场景

本项目任务

◎ 任务 8.1 组建家庭无线局域网
◎ 任务 8.2 组建办公室无线局域网

任务 8.1 # 组建家庭无线局域网

8.1.1 无线局域网基础知识

1. 无线局域网

无线网络是计算机网络技术与无线通信技术相结合的产物，与有线网络的安装和通信过程一样，只是无线网络利用无线电波信号作为信息的传输媒介，如图 8-1-2 所示。

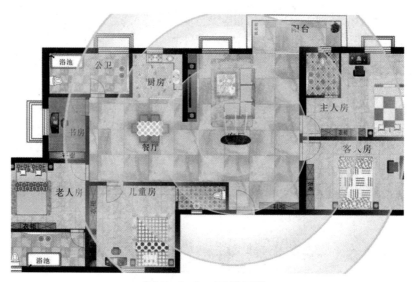

图 8-1-2　无线网络

对于无线局域网（Wireless Local Area Network，WLAN）的定义，从字面上可以理解其包含"无线"和"局域网"两个方面的含义。

其中，"无线"定义了网络连接的方式，这种连接方式省去了有线网络中的传输线缆，利用红外线、微波等无线技术进行信息传输。有线网络的传输媒介主要依赖铜缆或光缆。在某些场合下，有线网络的布线要受环境因素等条件的限制，如工程量大、费用昂贵、耗时多、线路容易损坏、网络中的各结点不易移动、网络的扩展受到限制等，而无线网络中"无线"的特点，正好弥补了有线网络在安装和建设中的不足。

"局域网"定义了网络应用的范围，它是将小区域内的各种通信设备互连在一起的通信网络，这个区域既可以是一个房间、一个建筑物内，又可以是一个校园的区域。

2. WLAN 的技术优势

WLAN 是以无线信道作为传输媒介的计算机局域网络，是计算机网络与无线通信技术相结合的产物。它以无线多址信道作为传输媒介，提供传统有线局域网的功能，能够使用户实现随时、随地、随意的宽带网络接入，如图 8-1-3 所示。

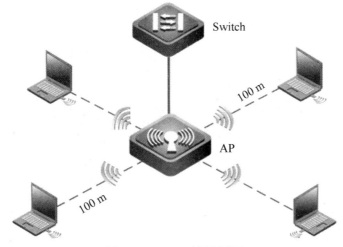

图 8-1-3　无线局域网

WLAN 利用电磁波在空气中发送和接收数据，而无须线缆介质。与有线网络相比，WLAN 具有以下优点。

（1）安装便捷。WLAN 的安装工作简单，不需要布线或开挖沟槽。相比有线网络的安装时间，WLAN 所需的安装时间要少得多。

（2）覆盖范围广。在有线网络中，网络设备的安放位置受网络信息点位置的限制；而无线局域网的通信范围不受环境条件的限制，网络的传输范围被大大拓宽了，最大传输范围可达到几十千米。

（3）经济节约。由于有线网络缺少灵活性，这就要求网络规划者尽可能地考虑未来发展的需要，因此往往导致预设大量利用率较低的信息点，而一旦网络的发展超出了设计规划，又要花费较多费用进行网络改造。相比有线网络，WLAN 不受布线接点位置的限制，具有传统局域网无法比拟的灵活性，可以避免或减少上述问题的发生。

（4）易于扩展。WLAN 有多种配置方式，能够根据需要灵活选择，因此 WLAN 就能胜任从只有几个用户的小型网络到上千用户的大型网络，并且能够提供类似"漫游"等有线网络无法提供的特性。

（5）传输速率高。WLAN 的数据传输速率已经能够与以太网相媲美，而且传输距离可远至 20 千米以上。

3. WLAN 的传输介质

无线信号是能够在空气中传播的电磁波，不需要任何物理介质，即使在真空环境中也能够传输。无线电波不仅能够穿透墙体，还能够覆盖比较大的范围，所以无线技术成为了一种组建网络的通用方法，如图 8-1-4 所示为电磁波中的编码信号示意图。

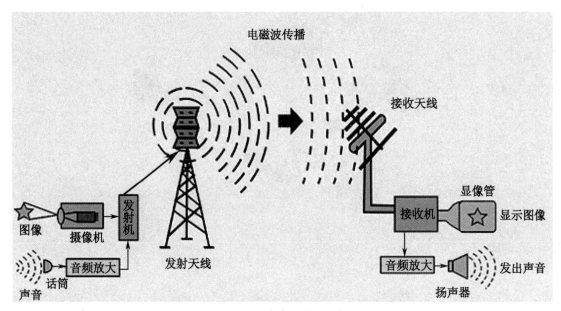

图 8-1-4　电磁波中的编码信号示意图

频谱是指频率的分布曲线，复杂振荡分解为振幅不同和频率不同的谐振荡，这些谐振荡的幅值按频率排列的图形称为频谱，其广泛应用在声学、光学和无线电技术等方面，如图 8-1-5 所示为无线频谱图。

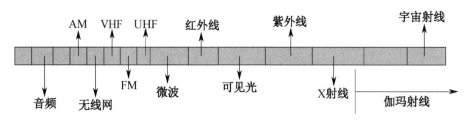

图 8-1-5　无线频谱图

如图 8-1-6 所示为 ISM 免费频段，无线局域网传输的信号运行在 2.4～2.4835 GHz 的微波频段上，所有的波都以光速传播，这个速度可以被精确地称为电磁波速度。

各种电磁波之间的主要区别在于频率。如果电磁波频率低，那么它的波长就长；如果电磁波的频率高，那么它的波长就短。波长表示正弦波的两个相邻波峰之间的距离。

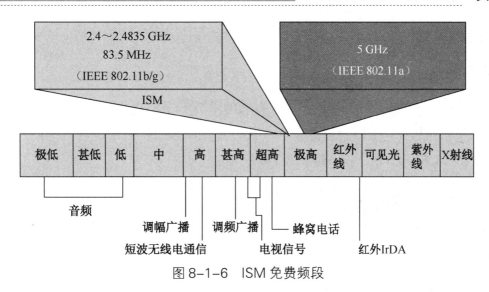

图 8-1-6　ISM 免费频段

8.1.2　组建 WLAN 的网络组件

WLAN 可独立存在，也可与有线局域网共同存在并互连。在 WLAN 中最常见的组件如下：笔记本电脑、无线工作站、无线网卡、无线接入点、无线控制器和天线。

1. 无线工作站

笔记本电脑、智能手机、智能手表等智能移动设备已经进入人们的日常生活，这些都是无线网络中的工作站，可作为无线网络的终端接入网络中，如图 8-1-7 所示。

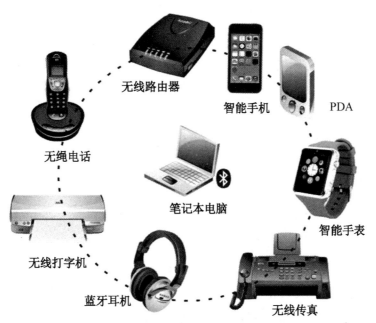

图 8-1-7　接入无线网络中的各种智能移动终端

目前，很多笔记本电脑都预装了无线网卡，可以直接与其他无线产品或其他符合

Wi-Fi 标准的设备进行交互。

2. 无线网卡

无线网卡作为无线网络的端口，可以实现与无线网络的连接，作用类似于有线网络中的以太网网卡。无线网卡根据端口类型的不同，主要分为三种类型，即 PCMCIA 无线网卡、PCI 无线网卡和 USB 无线网卡，如图 8-1-8 所示。

(a) PCI 无线网卡　　　　　　(b) PCMCIA 无线网卡　　　　　　(c) USB 无线网卡

图 8-1-8　无线网卡

PCMCIA 无线网卡仅适用于笔记本电脑，支持热插拔，可以非常方便地实现移动式无线接入。PCI 无线网卡适用于台式计算机，安装起来相对复杂一些。USB 无线网卡适用于笔记本电脑和台式计算机，支持热插拔，而且安装简单，即插即用。目前 USB 无线网卡得到了大量用户的青睐。

无线网卡的主要功能是通过无线设备透明地传输数据包，工作在 OSI 参考模型的第一层和第二层。除了用无线连接取代线缆，这些适配器就像标准的网络适配器那样工作，不需要其他特别的无线网络功能。

3. 无线接入点

无线接入点（Access Point，AP）也称为无线网桥，它的作用是提供无线终端的接入功能，类似于以太网中的集线器，但与集线器不同的是，无线 AP 与计算机之间的连接是通过无线信号的方式实现的。

无线 AP 是无线网和有线网之间沟通的桥梁，在无线 AP 覆盖范围内的无线工作站通过无线 AP 进行相互之间的通信。无线 AP 的覆盖范围是一个向外扩散的圆形区域，尽量把无线 AP 放置在无线网络的中心，而且各无线客户端与无线 AP 的直线距离最好不要太长，以免因通信信号衰减过多而导致通信失败。无线接入点设备如图 8-1-9 所示。

无线 AP 基本上都拥有一个以太网端口，用于实现与有线网络的连接，从而使无线终端能够访问有线网络或 Internet 的资源。无线 AP 主要用于宽带家庭、大楼内部及园区内部，典型距离覆盖几十米至上百米。大多数无线 AP 还带有接入点客户端（AP Client）模式，可以和其他无线 AP 进行无线连接，延展网络的覆盖范围，如图 8-1-10 所示为某学校教学区无线拓扑示意图。

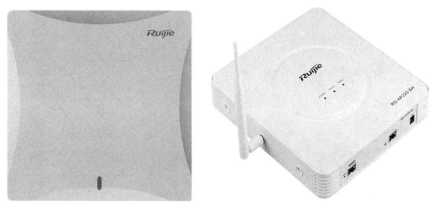

图 8-1-9　无线接入点设备

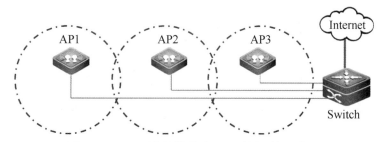

图 8-1-10　某学校教学区无线拓扑示意图

4. 无线控制器

无线控制器（Access Control，AC）是一个无线局域网络的核心，通过有线网络与无线 AP 相连，负责管理无线局域网中的无线 AP，包括下发配置、修改相关配置参数、射频智能管理、接入安全控制，如图 8-1-11 所示。

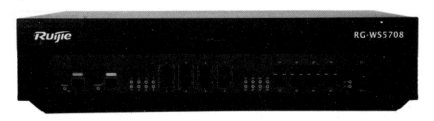

图 8-1-11　无线控制器

传统的无线局域网中，没有集中管理的控制器设备，所有无线 AP 都通过交换机连接。每台无线 AP 单独负担射频、通信、身份验证、加密等工作，因此需要对每台无线 AP 进行独立配置，难以实现全局、统一管理和集中的射频、接入和安全策略设置。

在基于无线控制器新型解决方案中，无线控制器能够出色地解决这些问题。在该方案中，所有无线 AP 都需要"减肥"，每台无线 AP 只负责射频和通信工作，类似于一个简单、基于硬件射频底层的传感设备。所有无线 AP 接收 RF 信号，经过 802.11 编码后，随即通过不同厂商制定的加密隧道协议，穿过以太网并传送到无线控制器，进而由无线控制器集中对编码流进行加密、验证、安全控制等更高层次的工作。

如今的 Wi-Fi 网络覆盖，多采用 AC+AP 覆盖方式，无线局域网中有一台无线 AC（无线控制器），多台无线 AP（收发信号）。此模式应用于大中型企业中，有利于无线局域网的集中管理，多台无线发射器能统一发射一个信号（SSID），并且支持无缝漫游及无线 AP 射频的智能管理。FIT AC+AP 无线局域网组网方案如图 8-1-12 所示。

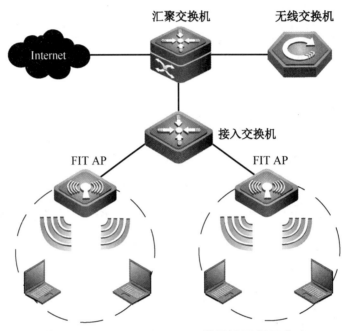

图 8-1-12　FIT AC+AP 无线局域网组网方案

5. 天线

当无线工作站与无线 AP 或其他无线工作站相距较远时，随着信号的减弱，传输速率会明显下降，或者根本无法实现通信。此时，就必须借助天线对所接收或发送的信号进行增益。无线天线有许多种类型，常见的有两种：一种是室内天线，另一种是室外天线。室外天线的类型比较多，如锅状的定向天线、棒状的全向天线等。

（1）全向天线。

全向天线，在水平方向图上表现为 360°均匀辐射，也就是平常所说的无方向性。在垂直方向图上表现为有一定宽度的波束，一般情况下波瓣宽度越小，增益越大。全向天线应用距离近，覆盖范围大。全向天线的辐射范围比较像一个苹果，如图 8-1-13 所示。

（2）定向天线。

定向天线将信号强度集中到一个方向发射。在水平方向图上表现为一定角度范围辐射，也就是平常所说的有方向性。同全向天线一样，波瓣宽度越小，增益越大。

定向天线的主要辐射范围像个倒立的、不太完整的圆锥，通过将所有信号集中到一个方向，以获得最大的增益，如图 8-1-14 所示。在通信系统中一般应用于通信距离远、覆盖范围小、目标密度大、频率利用率高的环境。

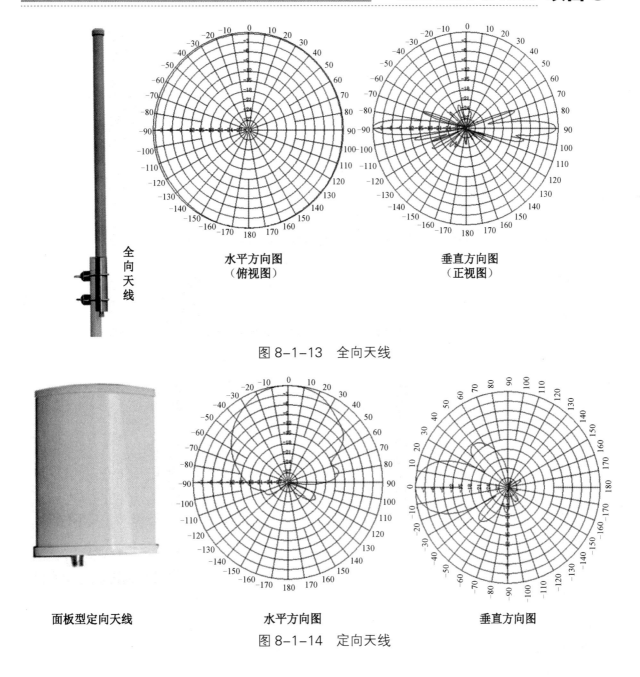

图 8-1-13　全向天线

面板型定向天线　　　水平方向图　　　垂直方向图

图 8-1-14　定向天线

8.1.3　WLAN 的组网模式

组建无线网络时，可供选择的方案主要有两种：一种是无中心无线 AP 结构的 Ad-Hoc 模式；另一种是有中心无线 AP 结构的 Infrastructure（基础结构）模式。这两种组网方式在无线网络规划中应用广泛，各有优缺点，各有不同的应用场合。

1. Ad-Hoc 模式

Ad-Hoc 模式是点对点的对等结构，相当于有线网络中的两台计算机直接通过网卡互连，中间没有集中接入设备，信号是直接在两个通信端点对点传输的，Ad-Hoc 模式无线局域网如图 8-1-15 所示。

Ad-Hoc 对等结构网络通信时没有信号交换设备，网络通信效率较低，所以仅适用于较少数量的无线结点互连（通常是在 5 台主机以内）。同时，由于这一模式没有中心管理单元，所以这种网络在可管理性和扩展性方面会受到一定限制，连接性能也不是很好。而且各无线结点之间只能单点通信，不能实现交换连接，就像有线网络中的对等网一样。这种无线网络模式通常只适用于临时的无线应用环境，如小型会议室、SOHO 家庭无线网络等。

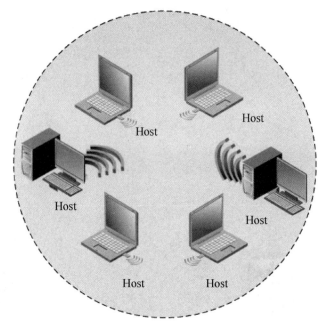

图 8-1-15　Ad-Hoc 模式无线局域网

2. Infrastructure 模式

Infrastructure 模式与有线网络中的星状交换模式相似，也属于集中式结构，其中无线 AP 相当于有线网络中的交换机或集线器，起着集中连接无线结点和数据交换的作用。通常无线 AP 都提供一个有线以太网端口，用于与有线网络设备的连接，如以太网交换机。Infrastructure 模式的无线网络如图 8-1-16 所示。

Infrastructure 模式的特点主要表现在网络易于扩展、便于集中管理、能提供用户身份验证等方面，且其数据传输性能也明显高于 Ad-Hoc 模式。

Infrastructure 模式的无线组网拓扑，通常表现为三种类型：

（1）以无线路由器为中心的组网模式。

（2）以无线 AP 为中心的组网模式。

（3）以无线控制器+无线 AP 的组网模式。

在无线家庭网络组网中，因为用户数量少，多数会选择第一种无线组网技术；在无线办公环境中，由于接入无线智能终端设备多，多数会选择第二种组网技术；而在无线校园网的组网环境中，必须使用第三种技术，才能保证更多的无线用户的接入。

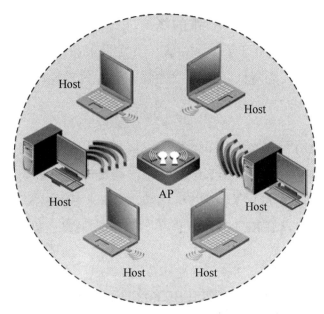

图 8-1-16　Infrastructure 模式的无线网络

8.1.4　WLAN 的通信协议

由于无线网络也是局域网的一种分类，和有线局域网一样，IEEE 组织也为无线局域网的通信规划了一系列的通信标准。

到目前为止，IEEE 组织正式发布的无线网络协议主要包括 IEEE 802.11、IEEE 802.11a、IEEE 802.11b、IEEE 802.11g、IEEE 802.11n、IEEE 802.11ac 和 IEEE 802.11ax，分别对应于不同的传输标准。

1. IEEE 802.11

IEEE 802.11 是 IEEE 在 1997 年制定的第一个无线局域网标准，主要用于解决办公网和校园网中用户与用户终端的无线接入问题。业务主要限于数据存取，传输速率最高只能达到 2 Mbit/s。由于它在传输速率和传输距离上无法满足人们的需要，因此 IEEE 又相继推出了 IEEE 802.11a 和 IEEE 802.11b 两个新标准。

2. IEEE 802.11b

IEEE 802.11b 是对 IEEE 802.11 标准的修正，其传输速率最高可达 11 Mbit/s，与普通的 10BASE-T 有线网持平。IEEE 802.11b 使用的是开放的 2.4 GHz 频段，使用时无须申请，其既可直接作为有线网络的补充，又可独立组网，灵活性很强。

3. IEEE 802.11a

IEEE 802.11a 是对 IEEE 802.11b 标准的修正，用于解决速度的问题，因此 IEEE 802.11a 使用 5.8 GHz 频段传输信息，避开了微波、蓝牙及大量工业设备广泛采用的 2.4 GHz 频段，在数据传输过程中，干扰大为降低，抗干扰性强，因此传输速率最高可达 54 Mbit/s。

4. IEEE 802.11g

IEEE 802.11g 仍使用开放的 2.4 GHz 频段，以保证和目前现有的很多设备兼容，但其使用了改进的信号传输技术，所以在 2.4 GHz 频段其传输速率最高可达 54 Mbit/s。

IEEE 802.11g 是目前被看好的无线网络标准，传输速率可以满足各种网络应用的需求。更重要的是，它还向下兼容 IEEE 802.11b 设备，但在抗干扰上仍不及 IEEE 802.11a。

5. IEEE 802.11n

IEEE 802.11n 是在 IEEE 802.11g 和 IEEE 802.11a 之上发展起来的一项技术，最大的特点是传输速率提升。在传输速率方面，IEEE 802.11n 可以将 WLAN 的传输速率由目前 IEEE 802.11a 及 IEEE 802.11g 提供的 54 Mbit/s 提高到 300 Mbit/s，甚至最高可达 600 Mbit/s。

IEEE 802.11n 可工作在 2.4 GHz 和 5 GHz 两个频段。

6. IEEE 802.11ac

2013 年正式推出 IEEE 802.11ac 标准，该标准工作在 5 GHz 频段，兼容 IEEE 802.11n 和 IEEE 802.11a。IEEE 802.11ac 沿用 IEEE 802.11n 技术，并做了多项技术改进，使传输速率达到惊人的 1.3 Gbit/s。

7. IEEE 802.11ax

IEEE 802.11ax 又称高效率无线标准（High-Efficiency Wireless，HEW），支持 2.4 GHz 和 5 GHz 频段，向下兼容 IEEE 802.11a/b/g/n/ac。其目标是支持室内室外场景、提高频谱效率和在密集用户环境下 4 倍实际吞吐量的提升，使无线传输速率理论值达到惊人的 8 Gbit/s。

8.1.5　WLAN 的无线标识符

如果处于同一介质上互相连接的多台计算机通过广播帧的形式，把信息传播给网络中的所有设备，那么连接在无线网络环境中的所有设备又是如何与自己的同伴进行通信的呢？又如何把无关的计算机排斥在无线网络范围之外呢？

实际上，处于同一网络中的无线设备为识别是否是自己的同伴，它们之间使用了一种无线网络身份标识符号来区别设备。

就像对暗号一样，对得上暗号，就可以接入指定的网络，如果不知道这个暗号，就排斥在该无线网络之外，WLAN 的无线标识符如图 8-1-17 所示。这种无线网络身份标识符号又称为 SSID（Service Set Identifier）。

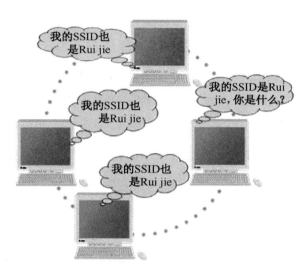

图 8-1-17 WLAN 的无线标识符

SSID 是配置在无线网络设备中一种无线标识，它允许具有相同 SSID 的无线用户端设备进行通信，因此 SSID 的泄密与否，也是保证无线网络接入设备安全的一个重要标志。

在无线局域网部署中，使用服务集（Service Set，SS）来作为描述无线网络的构成单位，表示一组互相有联系的无线设备。

SS 构成一个完整的无线局域网络系统，如在咖啡馆提供的无线网络中，顾客上网使用的智能手机、平板电脑等智能移动终端设备，只要连上无线 AP 实现相互之间的通信，就构成了一个无线服务集，一个服务集可以包含无线 AP 接入点设备，也可以不包含，但都使用服务集标识符（SSID）作为识别，如图 8-1-18 所示。

图 8-1-18 无线局域网中的服务集标识符（SSID）

8.1.6 无线路由器

1. 无线路由器设备

无线路由器（Wireless Router）是一台带有无线信号覆盖功能的无线局域网接入设备，主要应用于家庭无线上网，实现家庭无线信号的覆盖。

无线路由器类似于有线中的宽带路由器，具备"AP+路由"的功能，实现家庭无线接入。特别是无线路由器提供的 ADSL 自动拨号功能，可实现以家用宽带自动拨号的方式接入 Internet。也就是说，只要用户一开机，家中的无线网络环境就会自动建立，不再需要手动拨号连接 Internet，其"傻瓜化"的操作特别适合家庭网络使用，如图 8-1-19 和图 8-1-20 所示。

图 8-1-19　家庭无线路由器设备

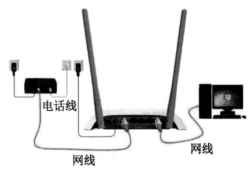

图 8-1-20　家庭无线路由器连接

2. 无线路由器组网技术

无线路由器是将无线 AP 和宽带路由器合二为一的扩展型家用无线接入产品，其不仅具备无线 AP 的无线接入功能，如支持 DHCP 客户端、VPN、防火墙、WEP 加密、网络地址转换（NAT）等，还具备广域网的 WAN 口，支持电信宽带专线 xDSL、Cable，动态 xDSL，PPOE 等多种电信宽带接入方式，如图 8-1-21 所示。

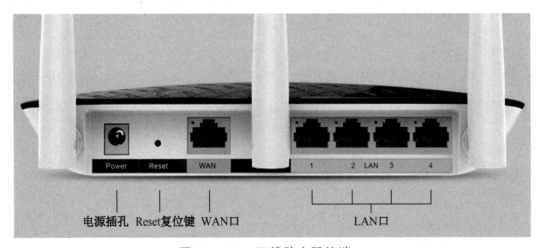

图 8-1-21　无线路由器的端口

无线路由器通过其 WAN 口，与家用的 ADSL MODEM 或 Cable MODEM 相连接，也可以和家庭有线相连接，或者通过办公室集线器与有线局域网相连接，通过 ADSL、Cable MODEM 小区宽带接入 Internet，如图 8-1-22 所示。

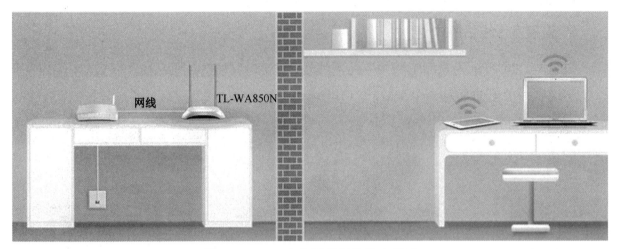

图 8-1-22　家庭无线网络接入场景

家庭无线路由器产品，发射的射频信号较弱，抗干扰能力相对较差，仅限于使用在类似家庭的场所。如果实际的网络使用环境很复杂，那么它就很难发挥出作用，如工厂、酒店、仓库、场馆等地方，用户的无线体验感觉会很差，这时就需要考虑使用工业级别的商用无线 AP 设备。

【综合实训 34】组建家庭无线局域网

网络场景

小林在房屋装修时，只预留了一个有线网端口，现在家中计算机增多了，需要重新布置家庭网络，既不好走线，又影响居室美观。小林希望组建一个简单的家庭宽带无线局域网，场景如图 8-1-23 所示。

图 8-1-23　家庭宽带无线局域网场景

实施过程

现在很多无线路由器都内嵌了宽带网络接入功能，把家庭设备接入 Internet 中，不再通过 ADSL 拨号环节，简化了家庭访问 Internet 的配置。

1. 连接宽带线路拓扑

如图 8-1-24 所示为家庭宽带 Wi-Fi 无线场景，将网线连接到路由器的 WAN 端口，计算机连接到路由器的任意一个 LAN 端口。

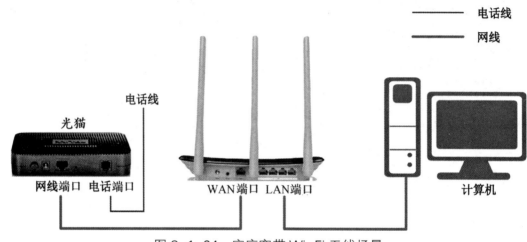

图 8-1-24　家庭宽带 Wi-Fi 无线场景

完成无线路由器安装后，确认家庭宽带的接入类型，完成无线路由器的宽带接入方式，如图 8-1-25 所示为目前家庭宽带接入 Internet 的方式。

图 8-1-25　家庭宽带接入 Internet 的方式

下面以家庭常见的电话宽带接入方式为例，介绍家庭无线路由器的安装过程。

备注： 以 TP-Link 无线路由器为例说明。不同厂商的无线路由器根据产品说明书或上网访问资料完成配置。

使用网线将笔记本电脑连接无线路由器的任意 LAN 端口，将宽带入户线连接路由器的 WAN 端口，如图 8-1-26 所示。

2. 登录无线路由器

无线路由器开启默认发射 Wi-Fi 无线信号，如 TP-LINK_××××（多为厂商名字和随机字），且没有密码。选择以下方式登录无线路由器。

方法 1：使用笔记本电脑、智能 PAD 等无线终端，通过连接无线路由器默认的 Wi-Fi 无线方式设置路由器。

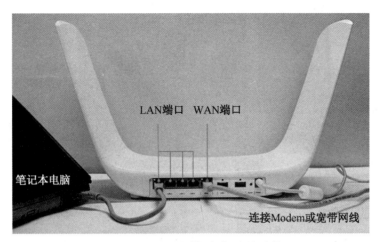

图 8-1-26　无线路由器的连接

方法 2：无线路由器连接计算机，配置相同网段地址（如路由器为 192.168.1.1，计算机地址为 192.168.1.2）。

方法 3：使用有线方式连接计算机配置无线路由器。

打开计算机浏览器，输入管理地址"192.168.1.1"，如图 8-1-27 所示。

图 8-1-27　通过浏览器访问无线路由器设备

初次登录无线路由器，设置管理密码，如图 8-1-28 所示。

图 8-1-28　设置管理密码

3. 填写账号密码

单击"确定"按钮后，无线路由器自动检测上网方式。输入运营商提供的宽带账号和宽带密码，如图 8-1-29 所示，单击"下一步"按钮。

4. 设置无线 Wi-Fi 信息

如图 8-1-30 所示，分别在 2.4G 与 5G 无线频段中，设置对应的无线名称和无线密码。

图 8-1-29　输入运营商提供的
宽带账号和宽带密码

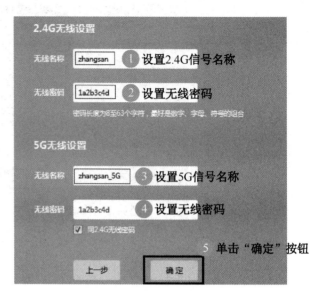

图 8-1-30　设置 2.4G 与 5G 无线频段的
无线名称和无线密码

设置成功后，单击"确定"按钮，无线路由器同时在 2.4G 和 5G 频段发射无线信号。

备注： 也可以只设置 2.4G 频段。

5. 尝试上网

无线路由器设置成功。家中计算机连接无线路由器的 LAN 端口，智能移动设备搜索附近 Wi-Fi 无线标识符，通过家庭无线方式接入 Internet，如图 8-1-31 所示。

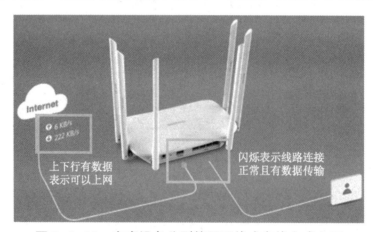

图 8-1-31　家庭设备分别使用无线或有线方式上网

组建办公室无线局域网

8.2.1 Infrastructure 无线网络基础

1. Infrastructure 模式

与 **Ad-Hoc** 结构的无线网络模式不同，Infrastructure 结构的无线网络模式更加复杂，需要增加更多的无线互联设备。在 Infrastructure 结构中，无线网络计算机之间的通信通过无线 AP 设备进行连接，由无线 AP 转发信息，实现网络资源的共享，Infrastructure 组网模式如图 8-2-1 所示。

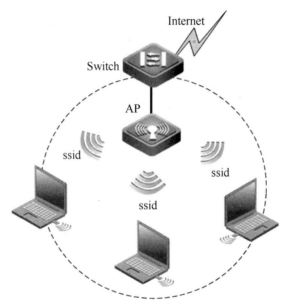

图 8-2-1 Infrastructure 组网模式

2. Infrastructure 模式适用的场合

Ad-Hoc 结构的无线网络只适用于数量有限的计算机之间的对接。在实际应用中，如果需要把无线网络和有线网络连接起来，或者有数量众多的计算机需要进行无线连接，那么最好采用以无线 AP 为中心的 Infrastructure 模式，如图 8-2-2 所示。

Infrastructure 无线网络模式提供给用户更多的选择，既可以是纯粹的无线网络，又可以是无线和有线混合的网络结构。办公环境的无线场景如图 8-2-3 所示。

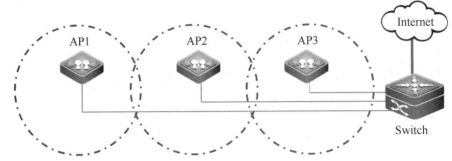

图 8-2-2　以无线 AP 为中心的 Infrastructure 模式

图 8-2-3　办公环境的无线场景

3. SSID

通过配置无线网络中的设备，只有配有相同 SSID 的无线用户端设备才可以和 AP 通信。SSID 可以作为无线用户端和无线接入点之间传递的一个简单密码，从而提供无线网络的安全保密功能。

（1）基本服务集（Basic Service Set，BSS）。

在一个 WLAN 服务集（SS）中，所有终端通过一台 AP 连接到有线网中。但在 SS 中，使用 AP 的 MAC 地址作为 WLAN 网络的服务集标识，称为 BSS。

其中作为 SS 服务集标识符的 MAC 地址，称为基本服务集标识符（BSSID）；该 SS 服务集也称为 BSS，如图 8-2-4 所示。

BSS 是 WLAN 无线网络的基本服务单元，通过 BSS 覆盖的范围称为基本服务区或蜂窝网络，在基本服务区域中以 BSS 为构成单元。

（2）扩展服务集（Extended Service Set，ESS）。

在一个大型商场中，通常需要安装多台无线 AP，从而实现更多的无线设备连接。其中，每台 AP 必须配置一个无线标识名称（SSID），以方便用户识别；每台客户端必须与 AP 设备上的 SSID 匹配成功，才能接入到无线网络中。通常把这种网络管理员配置 SSID

标识的服务集（SS）称为扩展服务集（ESS），其人工配置的标识符也称为 ESSID（扩展服务集标识符）。

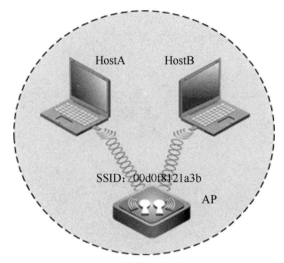

图 8-2-4　基本服务集（BSS）

由于一个 BSS 覆盖的范围有限，通常不超过 100 m，这时就需要通过扩展服务集（ESS）来实现。扩展服务集是多个基本服务集（BSS）的集合，使用网络管理员配置的 ESSID 互连而成，扩展服务集构成漫游示意图如图 8-2-5 所示。

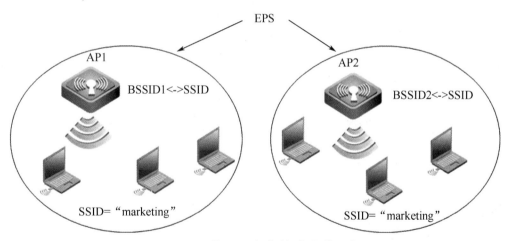

图 8-2-5　扩展服务集构成漫游示意图

8.2.2 "胖" AP 基础知识

通常业界将 AP 分为"胖" AP 和"瘦" AP。

1. "胖" AP

"胖" AP 即 Fat AP，因为具有全部的无线组网功能，所以称之为"胖" AP，是 WLAN 网络中的重要组成部分，其工作机制类似于有线网络中的集线器。无线终端可以通过无线

AP 进行终端之间的数据传输，也可以通过无线 AP 的以太网口与有线网络互通，"胖"AP
设备承担的功能如图 8-2-6 所示。

　　"胖"AP 普遍应用在家庭网络或小型无线局域网中，有线网络入户后，可以部署"胖"
AP 进行室内覆盖，室内无线终端可以通过"胖"AP 访问 Internet。"胖"AP 的组网方
式如图 8-2-7 所示。

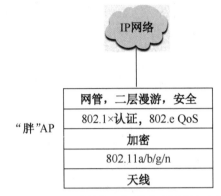

图 8-2-6　"胖"AP 设备承担的功能

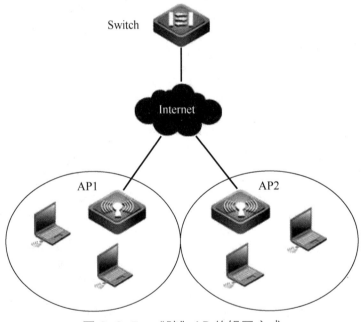

图 8-2-7　"胖"AP 的组网方式

2."胖"AP 的特点

　　"胖"AP，也有人称之为无线路由器。但无线路由器与"胖"AP 不同，其除了具有无
线接入功能，一般还具备 LAN 端口，多支持 DHCP 服务器、DNS 和 MAC 地址克隆等安
全功能，而且无线路由器还有独立的 WAN 端口，支持 PPOE 广域网接入协议，能够独自
接入广域网。

　　通常，与"瘦"AP 相比，"胖"AP 具有如下特点。

- 需要每台 AP 单独进行配置，无法进行集中配置，管理和维护比较复杂。
- 支持二层漫游。
- 不支持信道自动调整和发射功率自动调整。
- 集安全、认证等功能于一体，支持能力较弱，扩展能力不强。
- 漫游切换的时候存在很大的时延。

在小规模的无线局域网部署时，"胖" AP 是不错的选择。但是对于大规模无线部署，如大型企业网无线应用、行业无线应用及运营级无线网络等，"胖" AP 无法支撑。

8.2.3 "瘦" AP 基础知识

1. "瘦" AP

"瘦" AP 即 Fit AP，其"瘦"是相对于"胖"而言，减轻了"胖" AP 设备复杂的无线网络管理功能，只需承担无线接入，需要通过无线控制器进行管理、调试和控制的无线 AP。

"瘦" AP 设备的传输机制相当于有线网络中的集线器，在无线局域网中不停地接收和传送数据。每台无线"瘦" AP 基本上都拥有一个以太网端口，用于实现无线与有线的连接。

在大型无线局域网组网方案中，大规模地应用 Fit AP 设备进行多区域、多网点的无线覆盖。与 Fat AP 不同的是，Fit AP 设备只具备无线射频信号接入功能，必须通过无线控制器（AC）集中开展无线管理和控制，如图 8-2-8 所示为安装在酒店的墙面型 Fit AP 设备。

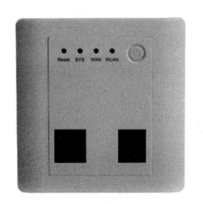

图 8-2-8　安装在酒店的墙面型 Fit AP 设备

2. 无线控制器设备

对于企业用户来说，若要进行大面积的无线覆盖，没有无线 AP 是无法实现的。

由于每台无线 AP 平均能够支持的用户数只有 10～20 个，大型企业如果要部署无线网络，可能需要几百台无线 AP 来使无线网络覆盖所有用户，这样就给无线局域网管理带来了很多麻烦。

2002 年第一个无线交换机诞生，其有效改善了无线局域网的管理性能。无线交换机也称为无线控制器，如图 8-2-9 所示，是一种集中式的产品，它能够管理很多不具备智能的无线 AP。与"胖"AP 相比，"瘦"AP+AC 的智能无线组网模式安装起来更简单且价格更实惠，管理也非常容易。

图 8-2-9　无线控制器设备

无线控制器是一种无线局域网组网中应用到的网络设备，用来集中控制无线"瘦"AP设备。无线控制器是无线网络的核心，负责管理无线网络中的所有无线"瘦"AP 设备，对"瘦"AP 设备的管理包括下发配置、修改相关配置参数、射频智能管理、接入安全控制等。

8.2.4　无线控制器组网知识

无线控制器主要应用在大中型无线网络环境中，支持大数量无线 AP 环境场景，支持最多大数量的并发用户，支持 CAPWAP 协议，支持用户计费及认证功能，支持机内板块1+1，N+1 备份等运营级无线局域网工作环境，如图 8-2-10 所示。

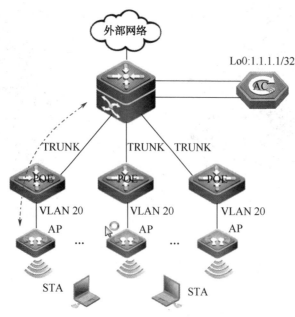

图 8-2-10　无线控制器组网

在传统的无线网络中，没有集中管理的控制器设备，所有的无线 AP 都需要通过交换机连接起来，每台无线 AP 单独负担 RF、通信、身份验证、加密等工作，因此需要对每台无线 AP 进行独立配置，难以实现全局的统一管理和集中的 RF、接入和安全策略设置。

而在基于无线控制器的新型解决方案中（AC＋Fit AP），无线控制器能够出色地解决这些问题。在该方案中，每台无线 AP 只单独负责 RF 和通信的工作，其相当于一个简单的、基于硬件的 RF 底层传感设备。

所有 Fit AP 接收到的 RF 信号，经过 802.11 编码之后，随即通过不同厂商制定的加密隧道协议穿过以太网络，并传送到无线控制器，进而由无线控制器集中对编码流进行加密、验证、安全控制等更高层次的工作。

因此，基于 Fit AP 和无线控制器的无线网络解决方案，具有统一管理的特性，并能够出色地完成自动 RF 规划、接入和安全控制策略等工作。

传统无线与基于无线控制器方案的详细区别见表 8-2-1。

表 8-2-1 传统无线与基于无线控制器方案的详细区别

评判标准	传统无线方案	基于无线控制器方案
技术模式	传统、主流	新生方式，增强型管理
安全性	传统加密、认证方式，普通安全性	增加射频环境监控，基于用户位置安全策略，高安全性
网络管理	对每台 AP 下发配置文件	在无线交换机上配置好文件，AP 本身零配置
用户管理	类似有线，根据 AP 接入的有线端口区分权限	无线专门、虚拟专用组方式，根据用户名区分权限
WLAN 组网规模	二层漫游，适合小规模组网，成本较低	二层、三层漫游，拓扑无关性，适合大规模组网，成本较高
增值业务能力	仅实现简单数据接入	可扩展语音等丰富业务

【综合实训 35】组建办公室无线局域网

网络场景

某学校希望在会议室内组建一个无线网络，让大家能在会议室共享上网。通过临时安装一台无线 AP 设备，组建会议室临时无线网，如图 8-2-11 所示。

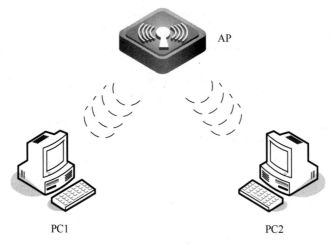

AP

PC1   PC2

图 8-2-11　组建会议室临时无线网

实施过程

（1）按照如图 8-2-11 所示的拓扑结构，组建某学校会议室内的临时无线网络。

（2）配置"瘦"AP 设备。计算机通过配置线缆连接"瘦"AP 设备的控制端口，连接的方法同交换机设备连接。

```
Password:ruijie(或 admin)
```

备注 1： 若提示输入密码，默认密码为 ruijie（或 admin）。

备注 2： 胖瘦一体 AP 在掉电情况下，默认为"瘦"AP，开机后也自动为"瘦"AP。

（3）将胖瘦一体 AP 切换为"胖"AP。AP 出厂设置默认为"瘦"AP，需要进行胖/瘦切换，如图 8-2-12 所示。

```
Ruijie>ap
Ruijie>ap-mode ?
  fat  Fat mode
  fit  Fit mode

Ruijie>ap-mode fat
apmode will change to FAT.
```

图 8-2-12　切换胖/瘦 AP

（4）查看无线 AP 基本操作。关闭端口提示信息，以免影响操作，如图 8-2-13 所示。

```
Ruijie#conf
Enter configuration commands, one per line.  End with CNTL/Z.
Ruijie(config)#no logging console
Ruijie(config)#
```

图 8-2-13　关闭端口提示信息

查看有线的端口信息，如图 8-2-14 所示。

```
Ruijie(config)#show int gi0/1
Index(dec):1 (hex):1
GigabitEthernet 0/1 is DOWN  , line protocol is DOWN
Hardware is AHTEROS-SGMII GigabitEthernet, address is 1414.4b7a.514b
Interface address is: 192.168.1.1/24
ARP type: ARPA, ARP Timeout: 3600 seconds
  MTU 1500 bytes, BW 1000000 Kbit
  Encapsulation protocol is Ethernet-II, loopback not set
  Keepalive interval is 10 sec , set
  Carrier delay is 2 sec
  RXload is 1 ,Txload is 1
  Queueing strategy: FIFO
```

图 8-2-14　查看有线的端口信息

查看无线 AP 的工作模式，如图 8-2-15 所示。

```
Ruijie#show ap-mode
current mode: fat
Ruijie#
```

图 8-2-15　查看无线 AP 的工作模式

查看无线 AP 版本，如图 8-2-16 所示。

```
Ruijie#show version
System description    : Ruijie Indoor AP320-I (802.11a/n and 802.11b/g/n)
System start time     : 1970-01-01 0:0:0
System uptime         : 0:0:17:52
System hardware version : 1.10
System software version : RGOS 10.4(1b19)p2, Release(167368)
System boot version   : 10.4.137886(Master), 10.4.137886(Slave)
System serial number  : G1HD431043035
```

图 8-2-16　查看无线 AP 版本

（5）在无线 AP 上创建用户 VLAN。

```
Ruijie(config)#
Ruijie(config)#vlan 10                        ! 创建用户 VLAN 10
```

（6）在无线 AP 上配置 DHCP 服务，给用户 VLAN 分配地址。

```
Ruijie(config)#service dhcp                   ! 开启 DHCP 服务
Ruijie(config)#ip dhcp pool test              ! 设置自动获取的地址池名称为 test
Ruijie(dhcp-config)#network 172.16.1.0 255.255.255.0
                                              ! 设置自动获取的地址池范围
Ruijie(dhcp-config)#default-router 172.16.1.254  ! 设置默认网关
```

（7）在 AP 上创建 WLAN，关联 VLAN。

```
Ruijie(config)#dot11 wlan 1                   ! 创建无线局域网 WLAN 1
Ruijie(dot11-wlan-config)#ssid ruijie40       ! 设置 SSID 信息
Ruijie(dot11-wlan-config)#vlan 10             ! WLAN 1 关联 VLAN 10
Ruijie(dot11-wlan-config)#exit
```

（8）在 AP 上配置射频口 1，关联 WLAN。

```
Ruijie(config)#interface dot11radio 1/0
Ruijie(config-if-Dot11radio 1/0)#encapsulation dot1Q 10
                  ! 在视频口上封装 Gi0/1 端口 dot1Q 协议，并映射给 VLAN 10
Ruijie(config-if-Dot11radio 1/0)#wlan 1       ! 视频端口和 WLAN 1 关联
```

（9）在 AP 上配置射频口 2（可选）。

```
Ruijie(config)#interface dot11radio 2/0
Ruijie(config-if-Dot11radio 2/0)#encapsulation dot1Q 10
Ruijie(config-if-Dot11radio 2/0)#channel 11
Ruijie(config-if-Dot11radio 2/0)#wlan-id 1
```

（10）在 AP 上配置默认网关（可选）。

```
Ruijie(config)#interface bvi 10               ! 打开桥虚拟端口 BVI
Ruijie(config-if-BVI 1)#ip address 172.16.1.254 255.255.255.0
Ruijie(config-if-BVI 1)#exit
Ruijie(config)#ip route 0.0.0.0 0.0.0.0 172.16.1.254
                                              ! 配置 AP 的默认网关(路由)
```

（11）测试网络连通。

① 在测试计算机上，查看无线网络连接 ▦◀)，自动搜索到 SSID，如图 8-2-17 所示。

图 8-2-17　测试计算机实现无线连接

② 在测试计算机上转到 DOS 的模式，使用 ipconfig 命令，查询无线终端设备自动获取的 IP 地址是否为 172.16.1.0 网段地址。

③ 使用 Ping 命令，测试 PC1 到 PC2 的网络连通。通过无线 Fat AP 设备，实现 WLAN 中智能终端设备互相通信。

【综合实训 36】保护办公室无线局域网安全

网络场景

如图 8-2-18 所示为某学校礼堂的无线局域网络场景，为保证学校礼堂的无线网络接入，安装了多台无线 AP 设备，使坐在礼堂各个角落的人都能通过无线信号接入校园网。同时，通过设备密码，避免周围无关人员接入，从而优化无线局域网的传输效率。

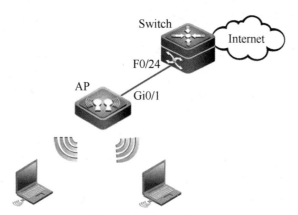

图 8-2-18　某学校礼堂的无线局域网络场景

实施过程

1. 组建 Infrastructure 模式下的无线局域网。

如图 8-2-18 所示，连接设备，组建以 Fat AP 为中心的无线局域网。

2. 配置有线交换机设备。

（1）在三层交换机上配置 VLAN 管理地址，实现互连。

```
Switch#config terminal
Switch(config)#vlan 10                    ! 创建用户 VLAN
Switch(config)#interface vlan 10          ! 开启用户 VLAN 10 的 SVI 端口
Switch(config-if-VLAN10)#ip address 172.16.1.1  255.255.255.0
                                          ! 配置用户 SVI 端口的 IP 地址
Switch(config-if-VLAN 10)#exit
```

（2）在三层交换机上配置 DHCP 服务，给用户 VLAN 分配地址。

```
Switch(config)#service dhcp               ! 开启 DHCP 服务
Switch(config)#ip dhcp pool test          ! 设置自动获取的地址池名称为 test
Switch(dhcp-config)#network 172.16.1.0 255.255.255.0!  设置自动获取地址范围
Switch(dhcp-config)#default-router 172.16.1.1    ! 设置默认网关
Switch(dhcp-config)#exit
```

（3）配置三层交换机互连端口。

```
Switch(config)#int Fa 0/24
Switch (config-if-FastEthernet 0/24)#switchport mode trunk
                                                ! 配置为干道端口
Switch (config-if-FastEthernet 0/24)#switchport trunk native vlan 10
                    ! 配置该干道端口的本帧为 VLAN 10，只允许 VLAN 10 直接转发
Switch (config-if-FastEthernet 0/24)#exit
```

备注：根据实训设备配置情况，选择设备对应端口名称，如 Fa0/24 或 Gi0/24。

3. 切换 AP 模式为 Fat AP。

配置无线 AP 设备和配置交换机设备一样，通过无线 AP 设备的 Console 端口，使用超级终端方式登录无线 AP 设备，在无线 AP 上切换其模式为 Fat AP 工作模式。

```
Password: ruijie
Ruijie>
Ruijie>show ap-mode            ! 查看 AP 的当前模式
current mode: fit              ! AP 当前模式为 Fit AP（默认为"瘦"AP 模式）
Ruijie>ap-mode fat             ! 修改 AP 的工作模式为 Fat AP（"胖"AP 模式）
apmode will change to FAT.
Ruijie#
```

备注：登录无线 AP 设备时，若提示输入密码，默认密码为 ruijie（或 admin）。

4. 配置无线 Fat AP 设备

（1）新建用户 VLAN 10，使用该 VLAN 通信。

```
Ruijie(config)#vlan 10
Ruijie(config-vlan)#exit
```

备注：此 VLAN 只在本地有效，上送到交换机用户的数据不会带 VLAN 标签。

（2）上联以太网端口封装 VLAN。

```
Ruijie(config)#interface gigabitEthernet 0/1
Ruijie(config-if-GigabitEthernet 0/1)#encapsulation dot1Q 10
```

（3）定义 SSID。

```
Ruijie(config)#dot11 wlan 1              ！创建 802.11 模式的 WLAN 编号
Ruijie(dot11-wlan-config)#ssid ruijie    ！Wi-Fi 信号为 ruijie
Ruijie(dot11-wlan-config)#vlan 10        ！使 VLAN 10 和创建的 WLAN 1 关联
```

（4）创建射频卡子端口（天线端口为 802.11 的射频口）。

```
Ruijie(config)#interface dot11radio 1/0     ！802.11 的射频口 1
Ruijie(config-subif)#encapsulation  dot1Q  10
                                   ！封装 VLAN 且此 VLAN 和以太网物理端口一致
Ruijie(config-subif)#exit
```

（5）SSID 和射频卡进行关联。

```
Ruijie(config)#interface dot11radio 1/0          ！进入射频物理端口
Ruijie(config-if-Dot11radio 1/0)#wlan-id  1      ！关联 WLAN 1
```

（6）配置 AP 的默认网关。

```
Ruijie(config)#ip route 0.0.0.0 0.0.0.0 172.16.1.1
                   ！为 AP 配置默认网关(给 AP 自己使用，可选，主要是远程关联)
```

5. 配置无线信号安全

```
Ruijie (config)#wlansec 1                     ！配置 WLAN 1 加密
Ruijie (config-wlansec)#security rsn enable    ！开启无线 WPA2 加密功能
Ruijie(config-wlansec)#security rsn ciphers aes enable
                              ！在无线 WLAN 1 上启用 AES 加密算法
Ruijie (config-wlansec)#security rsn akm psk enable
                              ！配置该无线 WLAN 启用共享密钥认证方式
Ruijie (config-wlansec)#security rsn akm psk set-key ascii 1234567890
                              ！配置该无线 WLAN 的 SSID 密码
```

6. 会议室无线安全效果验证。

SSID 加密配置完成后，在客户机 STA 的无线信号连接上，显示连接 SSID 信息，并提示 SSID 名称为"ruijie"的信号已经进行了 WPA-PSK 加密，如图 8-2-19 所示。

用户进行无线关联时，提示用户输入密码，输入正确的密码后能够正常接入网络，能够正常 Ping 通网关地址。连接 AP 密钥验证，如图 8-2-20 所示。

图 8-2-19　客户机 STA 显示加密的 SSID 信号

图 8-2-20　连接 AP 密钥验证

【认证测试】

以下选择题均为单选，请寻找正确的或最佳的答案。

1. 在设计 Ad-Hoc 模式的小型无线局域时，应选用的无线局域网设备是（　　）。

    A. 无线网卡　　　　　　　　B. 无线接入点

    C. 无线网桥　　　　　　　　D. 无线路由器

2. 在设计具有 NAT 功能的小型无线局域网时，应选用的无线局域网设备是（　　）。

    A. 无线网卡　　　　　　　　B. 无线接入点

    C. 无线网桥　　　　　　　　D. 无线路由器

3. 下列关于无线局域网硬件设备特征的描述中，错误的是（　　）。

    A. 无线网卡是无线局域网中最基本的硬件

    B. 无线接入点（AP）的作用类似于有线局域网中的集线器和交换机

    C. 无线接入点可以增加更多功能，不需要无线网桥、无线路由器和无线网关

    D. 无线路由器和无线网关是具有路由功能的 AP，一般情况下它具有 NAT 功能

4. 下列设备中（　　）可用于连接几个不同网段，实现较远距离的无线数据通信。

    A. 无线网卡　　　　　　　　B. 无线网桥

    C. 无线路由器　　　　　　　D. 无线网关

5. 无线局域网采用直序扩频接入技术，使用户可以在（　　）GHz 的 ISM 频段上进行无线 Internet 连接。

    A. 2.0　　　　　　　　　　B. 2.4

    C. 2.5　　　　　　　　　　D. 5.0

6. 一个基本服务集（BSS）中可以有（　　）个接入点（AP）。

    A. 0 或 1　　　　　　　　　B. 1

    C. 2　　　　　　　　　　　D. 任意多个

7. 一个扩展服务集（ESS）中不包含（　　）。

    A. 若干个无线网卡　　　　　B. 若干个 AP

    C. 若干个 BSS　　　　　　　D. 若干个路由器

8. WLAN 常用的传输介质为（　　）。

    A. 广播无线电波　　　　　　B. 红外线

    C. 地面微波　　　　　　　　D. 激光

9. 下列选项中，不属于无线网络面临的问题的是（　　）。

    A. 无线信号传输易受干扰　　B. 无线网络产品标准不统一

C. 无线网络的市场占有率低　　D. 无线信号的安全性问题

10. 无线局域网相对于有线网络的主要优点是（　　）。

　　A. 可移动性　　　　　　　　B. 传输速度快

　　C. 安全性高　　　　　　　　D. 抗干扰性强

11. WLAN 的通信标准主要采用（　　）标准。

　　A. IEEE 802.2　　　　　　　B. IEEE 802.3

　　C. IEEE 802.11　　　　　　 D. IEEE 802.16

12. 学生在自习室使用自己的笔记本电脑访问到同学的笔记本电脑，其使用的是
（　　）模式。

　　A. Ad-Hoc　　　　　　　　B. 基础结构

　　C. 固定基站　　　　　　　 D. 漫游

13. WLAN 上的两个设备之间使用的标识符号称为（　　）。

　　A. BSS　　　　　　　　　　B. ESS

　　C. SSID　　　　　　　　　 D. NID

14. 下列关于 Ad-Hoc 模式的描述中，正确的是（　　）。

　　A. 不需使用无线 AP，但要使用无线路由器

　　B. 不需使用无线 AP，也不需使用无线路由器

　　C. 需要使用无线 AP，但不需要使用无线路由器

　　D. 需要使用无线 AP，也需要使用无线路由器

15. IEEE 802.11 规定 MAC 层采用（　　）协议来实现网络系统的集中控制。

　　A. CSMA/CD　　　　　　　B. CSMA/CA

　　C. CDMA　　　　　　　　 D. TDMA

16. 下列选项中，不属于 WPAN 技术的是（　　）。

　　A. 蓝牙　　　　　　　　　　B. ZigBee

　　C. Wi-Fi　　　　　　　　　D. IrDA

17. 蓝牙耳机是（　　）的一个典型应用。

　　A. WPAN　　　　　　　　　B. WLAN

　　C. WWAN　　　　　　　　 D. MANET

反侵权盗版声明

电子工业出版社依法对本作品享有专有出版权。任何未经权利人书面许可，复制、销售或通过信息网络传播本作品的行为；歪曲、篡改、剽窃本作品的行为，均违反《中华人民共和国著作权法》，其行为人应承担相应的民事责任和行政责任，构成犯罪的，将被依法追究刑事责任。

为了维护市场秩序，保护权利人的合法权益，我社将依法查处和打击侵权盗版的单位和个人。欢迎社会各界人士积极举报侵权盗版行为，本社将奖励举报有功人员，并保证举报人的信息不被泄露。

举报电话：（010）88254396；（010）88258888

传　　真：（010）88254397

E-mail：　dbqq@phei.com.cn

通信地址：北京市万寿路 173 信箱

　　　　　电子工业出版社总编办公室

邮　　编：100036